谭 伟 著

高铁
车用聚氨酯粘接剂的
力学特性及失效分析

GAOTIE CHEYONG JUANZHI ZHANJIEJI DE
LIXUE TEXING JI SHIXIAO FENXI

化学工业出版社

·北京·

内容简介

本书的研究焦点集中在高速列车混合材料车体结构件的粘接技术上，该连接方式在列车结构中具有极其重要的地位。本书通过服役环境实验力学、先进材料表征技术和有限元建模仿真技术，研究环境温度、湿度和载荷等因素对车体粘接结构的影响机制，探究多场耦合作用下粘接结构的损伤演化规律，分析湿热与载荷耦合下的粘接失效演化机理和老化寿命预测方法，合理预测粘接结构的实际服役寿命。本书能够为我国高速列车粘接结构的安全设计、强度校核和寿命预测提供重要的科学依据和技术支撑。

本书适合高铁车设计、制造等技术人员，大专院校相关专业师生参考。

图书在版编目（CIP）数据

高铁车用聚氨酯粘接剂的力学特性及失效分析／谭伟著. --北京：化学工业出版社，2024.8. -- ISBN 978-7-122-45830-8

Ⅰ. TQ433.4

中国国家版本馆 CIP 数据核字第 2024RV2588 号

责任编辑：周　红　　　　　　　文字编辑：温潇潇
责任校对：李　爽　　　　　　　装帧设计：王晓宇

出版发行：化学工业出版社
　　　　　（北京市东城区青年湖南街 13 号　邮政编码 100011）
印　　装：北京天宇星印刷厂
787mm×1092mm　1/16　印张 8¾　字数 218 千字
2024 年 10 月北京第 1 版第 1 次印刷

购书咨询：010-64518888　　　　售后服务：010-64518899
网　　址：http://www.cip.com.cn
凡购买本书，如有缺损质量问题，本社销售中心负责调换。

定　　价：98.00 元

前言

PREFACE

高速列车作为现代铁路交通的重要组成部分,其车体结构件的连接技术对于确保列车的安全、可靠运行至关重要。粘接技术作为一种非常关键的连接方式,在高速列车混合材料车体结构中发挥着至关重要的作用。然而,随着高速列车服役里程和速度的不断增加,粘接结构的老化和疲劳断裂问题日益凸显,这对列车运营和维护提出了新的挑战。

本书旨在深入研究高速列车粘接结构的力学特性及失效情况,对粘接结构在不同环境条件下的行为进行全面而深入的探讨,为提升高铁运营的可持续性和安全性提供科学依据和技术支持。

本书对高速列车混合材料车体结构的粘接技术进行了深入的研究,旨在推动中国高铁的可持续发展,为相关领域的科研工作者、工程师以及决策者提供了参考。希望本书的研究成果能够在高速列车领域产生深远而积极的影响,为未来高铁交通的发展贡献力量。

在此,首先要感谢我的博士生导师——吉林大学的那景新教授,是他引导我进入了粘接结构耐久性及服役寿命预测的领域,他研究学术问题的思想、方式和作风深深影响了我。我也感谢浙大城市学院云栖先进材料增材制造创新研究中心的各位老师,我从他们的研究中汲取了思考问题的方法,从他们的研究中得到了启示,发展了一套在理论上完备和自洽的老化与疲劳耦合失效理论。最后,我由衷感谢浙大城市学院对于本书的顺利出版所提供的资助,同时我对所有参与和支持本书编写工作的人员表示衷心的感谢。

由于时间和水平有限,书中不妥之处在所难免,欢迎广大读者提出宝贵意见和建议。

著者

目录
CONTENTS

第 **1** 章

绪 论

1.1 背景与意义

目前，中国进入了高铁时代，高铁发展迅速，在世界上获得了较高的声誉。随着"一带一路"倡议的深入推进，高铁"走出去"成为构建全方位多层次的复合型互联互通网络的关键。截至 2023 年，我国已拥有全球运营里程最长、客运量最大、运营速度最快、技术最复杂的高速铁路网。根据《铁路"十三五"发展规划》《中长期铁路网规划》等规划纲要，到2030 年我国铁路网将基本实现省会高铁连通、地市快速通达、县域基本覆盖的目标。如此庞大的运营规模，对轨道列车的安全保障技术提出了极为苛刻的要求。随着中国铁路装备技术的应用和铁路运输工业的迅速发展，铁路车辆对舒适度和轻量化要求越来越高，特别是新材料、新技术的出现，大量的轻金属材料、复合材料替代了钢铁等传统金属材料，多种材料混合应用是轻量化技术发展的必然趋势。轻金属材料、复合材料在车身结构中的应用是实现轻量化的有效手段。

聚焦国家"双碳"目标与绿色交通发展要求，复合材料和轻质金属等多种材料的混合应用是高速列车轻量化技术发展的必然趋势。但是异种材料车身零部件的连接对传统连接技术提出巨大挑战，由于材料在化学键型和微观结构等方面存在极大差异，传统的机械连接方法（螺栓连接、焊接和铆接等）已经很难满足要求。与焊接、铆接等传统工艺相比，粘接具有应力分布均匀、耐疲劳、密封性好、减缓振动、降低噪声、减小尺寸误差和美化外观等优点，还能解决异种材料连接中接头电化学腐蚀问题，能够在不破坏结构的同时保证一定的粘接强度，在车身结构连接中发挥越来越重要的作用。粘接技术为复合材料与轻质金属的混合连接提供有效手段，广泛应用于高速列车、航空航天等领域，例如车窗和车头的粘接密封（见图 1.1）。

高铁运营的区域覆盖全国范围，最北端至最南端距离 5500 多公里，气候变化多样导致南北温度和湿度变化差异较大。面对各种复杂地质条件和环境因素，运营速度要求不断提高，复杂服役条件对高速列车的安全设计带来极大的挑战。高速列车车体粘接结构的力学性能对高速列车的强度、疲劳等整体服役性能影响显著，而且其服役性能与服役环境密切相

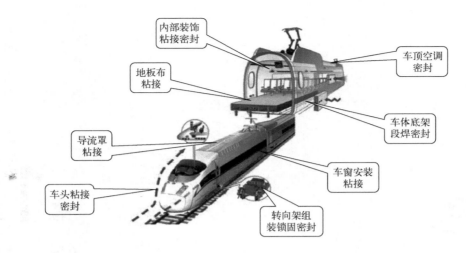

（a）高速列车

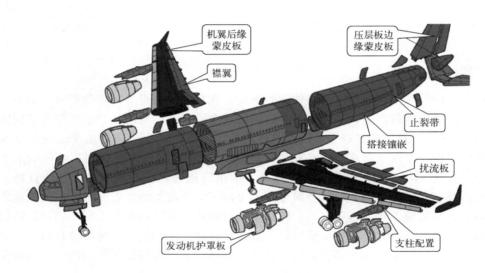

（b）航空飞机

图 1.1　粘接技术应用

关。车辆在实际运行过程中，车身粘接结构往往还受到温度、湿度、盐雾和紫外线等因素的作用，不同环境因素对粘接结构性能具有不同的影响。粘接剂本身属于一种高分子材料，其材料力学性能对环境温度、湿度和载荷敏感。随着使用年限的增加，粘接剂容易发生老化，老化会引起材料本身的力学性能下降，导致粘接结构的静、动态力学性能降低，使得粘接结构过早失效。通过人工加速老化试验可进行相关研究，利用实验室模拟某一特定环境条件下的加速老化试验，突出环境的某个因素的作用机制，可以用来预测材料的使用寿命，分析其失效机理。

　　同时，车辆在行驶过程中会受到来自多方面的动态交变载荷作用，其中有来自空气负压引起的气动载荷、动力总成的不平衡惯性载荷及源自传动系统的振动载荷等。这就导致车身粘接结构在服役过程中长期受到动态交变载荷的作用，很容易发生疲劳破坏，使其在远小于静态失效载荷的作用下发生失效，从而严重影响车辆安全性。随着高速列车的提速，粘接结构所受的负压交变载荷成几何倍数的增加，使得粘接结构的疲劳寿命大大降低。同时，环境中的温度、湿度和交变载荷会加速粘接结构的老化，而老化又加速降低结构疲劳寿命。因此研究不同环境以及环境老化作用下粘接结构的疲劳特性，揭示环境对疲劳性能影响的内在规律，对于指导粘接结构设计，保障新材料车身结构列车的安全性具有重要意义。

我国高速列车运营时间较短，尚未完成一个完整的装备寿命期考核，在达到五级维修期限（480万公里载客运营）时需要更换粘接结构。因此，为避免粘接结构突然失效导致恶性事故，需要明确粘接结构的剩余强度能否满足继续使用要求。如果粘接结构还未达到寿命而提前更新，将造成资源的巨大浪费。以车窗为例，如果全部进行重新粘接需耗资超20亿元，而延迟更新将对高速列车的运行带来重大安全隐患。可见，结合服役工况建立有效的粘接结构剩余强度预测方法是关键科学问题，对于粘接结构的寿命预测急迫且严峻。

考虑到高速列车在服役过程中，同时受到温度、湿度和载荷的耦合作用，需要评估粘接结构的老化失效行为，因此研究环境因素与载荷对粘接结构的耦合作用机理，预测在多因素耦合作用下的粘接结构强度和疲劳寿命是非常关键的。然而，由于粘接结构的影响因素错综复杂，同时高分子材料自身成分和结构复杂多变，因此目前的预测模型和公式存在一定局限性，缺乏对复杂环境条件相互作用的综合考虑。现在关于粘接结构在多种因素耦合作用下的研究相对较少，而且相对于静力破坏而言，粘接结构疲劳破坏预测更为困难，并缺乏有效的寿命预测方法，阻碍了粘接技术在高速列车工业的进一步应用。尽管采用无损探伤方法能够对结构内部的裂纹、气孔和缺陷进行检测，但是难以测试老化后的粘接结构强度。因此，为了避免粘接结构突然失效导致恶性事故，探索湿热与交变载荷对粘接结构失效演化的耦合作用机制，准确预测粘接结构强度和疲劳寿命非常急迫且严峻。

目前，关于粘接结构寿命预测的研究成果较少。然而，高速列车运营范围广，需要应对复杂的环境条件，如温度、湿度、载荷、盐雾和紫外线等，通过对列车全寿命周期的环境影响分析，发现粘接结构主要受温度、湿度和载荷因素的影响。粘接结构受湿热与交变载荷耦合老化作用致使力学性能下降，同时老化又会影响结构的疲劳寿命，导致粘接结构的寿命预测变得异常困难。国内外学者针对湿热与交变载荷对粘接结构力学性能的影响进行了相关研究。

1.2 服役温度对粘接接头性能的影响

粘接剂属于高分子材料，作为温度敏感性材料，温度会直接影响材料的力学性能，其强度和失效形式随温度不同而变化。高速列车在服役过程中，车身结构服役环境复杂，服役环境温度区间（—40~80℃）跨度大，车辆在运行过程中，粘接结构需要在服役温度区间内提供足够的强度和疲劳寿命。国内外学者关于温度对粘接结构静态性能和疲劳性能的影响进行了以下相关研究。

1.2.1 服役温度对静态性能的影响

温度是影响粘接剂性能的主要因素，在不同温度区间粘接剂的力学性能会发生改变，粘接强度、应变和断裂韧性表现出温度依赖性。温度对粘接结构的性能影响明显，特别是当温度接近材料的玻璃化转变温度（T_g）时，影响更为显著。Banea等研究了聚氨酯和环氧树脂粘接剂在—40℃、室温和80℃下的应力-应变性能，发现随着温度升高，环氧树脂粘接剂的失效强度和杨氏模量（弹性模量）降低，而失效应变增加，这是因为在高温下粘接剂韧性增加。当温度高于T_g时，粘接剂表现为高弹态，其失效强度、弹性模量快速下降，伸长率增大；而当温度低于T_g，其性能却相反。Adams等对单搭接接头进行不同温度的测试，结果显示热膨胀系数差异引起的热应力会引起搭接接头的应力状态发生变化，同时聚合物粘接剂的应力/应变性能也随着温度的变化而改变。

Na 等研究了温度对粘接接头力学性能的影响，发现随着温度的升高，接头的杨氏模量和抗拉强度降低，而拉伸应变增加，越接近 T_g 时，力学性能变化越显著。Silva 等测试单搭接接头在低温和高温下的力学性能，发现粘接剂在低温时显脆性，而高温时显韧性，并分析了孔隙对失效的影响。Zhang 等研究了双搭接接头在 $-35 \sim 60 ℃$ 温度范围内的拉伸性能，发现载荷-伸长率响应主要受粘接剂的热力学性能影响，而受粘接基材的影响较小。当温度高于 T_g 时，接头的强度和刚度降低，而伸长率明显增加（如图 1.2 所示），破坏机理随温度升高而发生变化。低温下裂纹扩展速率较高，随着温度升高，裂纹萌生和扩展的临界应变能释放率持续上升。

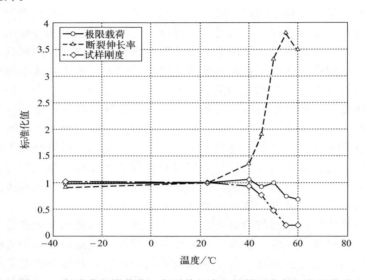

图 1.2　标准化极限载荷、断裂伸长率和试样刚度与温度的关系

1.2.2　服役温度对疲劳性能的影响

服役环境不仅影响粘接结构的静态力学性能，还会导致疲劳性能发生改变。当温度接近或者超过材料的 T_g 时，可能会引起疲劳性能的显著下降。Beber 等通过拉伸-拉伸循环载荷下 S-N 曲线的试验，在 $-35 ℃$、$-10 ℃$、常温、$50 ℃$、$80 ℃$ 温度条件下，研究了温度对增韧环氧粘接剂疲劳寿命的影响，获得粘接剂哑铃形试件、厚基底接头、单搭接接头的疲劳 S-N 曲线，发现随着温度升高，疲劳寿命降低（如图 1.3 所示），当温度接近或高于 T_g 时，S-N 曲线特征变化明显。

Schneider 等提出一种在不受相变影响的温度下估算 S-N 参数的插值方法，该方法在远离粘接剂相变温度的区间内适用，并使用两种方法进行寿命评估：①对于应力分布接近均匀的接头（嵌接接头）采用直接方法；②对于应力分布不均匀的接头（单搭接接头）采用优化方法。采用有限元分析方法计算考虑线弹性材料行为的应力分布，如图 1.4 所示。对于非均匀应力分布，根据临界距离理论定义有效应力。

Harris 等在不同温度范围下对单搭接接头的疲劳特性进行了评估，发现疲劳寿命取决于裂纹萌生阶段，与胶层中蠕变变形的累积有关，当温度超过 T_g 后接头的强度及抗疲劳性能均降低。Ashcroft 等对粘接接头在 $-50 ℃$、$22 ℃$ 和 $90 ℃$ 下进行疲劳试验，发现随着温度升高，接头的准静态强度和抗疲劳性能均降低，失效形式发生改变。Ashcroft 进一步研究了温度对粘接接头疲劳裂纹扩展的影响，发现高温引起的蠕变加速了疲劳失效，温度对失效

（a）疲劳试验装置

（b）环境箱

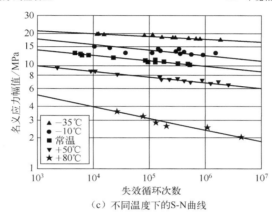
（c）不同温度下的S-N曲线

图1.3　粘接接头在不同温度下的 S-N 曲线

位置和路径有显著影响。Zhang 和 Szépe 等通过理论分析和试验测试研究了温度对疲劳寿命和断裂行为的影响，同时还监测了疲劳过程中的刚度变动、裂纹萌生和扩展，发现随着温度的升高，粘接接头的疲劳寿命下降。Costa 等研究了不同湿热环境中的疲劳性能，发现湿热环境对疲劳寿命的影响更加明显，当相对湿度变化时，裂纹扩展曲线以可预测的方式演化。Tang 等选取了不同温度（4℃、30℃和60℃），研究温度对聚合物复合材料拉伸疲劳性能的影响，提出了一种用 Arrhenius-type 方程拟合 S-N 曲线参数的方法。

通过以上分析可以发现，粘接结构的性能与服役温度密切相关，而粘接结构对高速列车车身的强度、疲劳等整体服役性能影响显著。因此研究服役温度对车身粘接结构服役性能影响，是实现结构性能安全设计的保证。

1.3　湿热老化对粘接接头力学性能的影响

高速列车在服役过程中，粘接结构更容易受到温度和湿度等环境因素的综合作用。粘接剂作为高分子化合物，在长期温度和湿度作用下会发生老化，其化学成分也会发生改变，环境中的温度和湿度是引起材料老化的主要因素。国内外学者针对温度、湿度和湿热耦合老化对粘接结构强度和化学特性的影响进行了相关研究。

1.3.1　温度老化对力学性能的影响

李卫东和韩啸等研究了单搭接接头、T 形接头在循环温度环境，持续高温、低温环境中

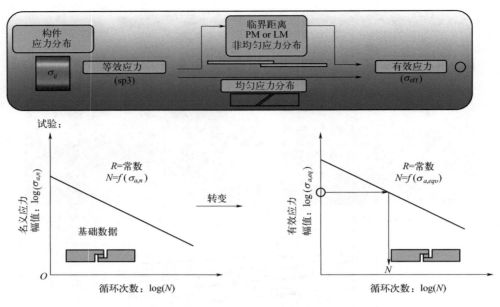

图1.4 寿命估算-单轴向应力

的老化，发现长期温度暴露对接头的极限载荷影响显著，采用环境退化因子（Deg）结合粘接区域模型，对温度变化引起的粘接强度进行模拟，可以准确地评估和预测接头失效载荷。Aglan等研究了温度循环老化对聚氨酯粘接剂的影响，发现撕裂能下降了约35%，并用扫描电镜分析了聚氨酯弹性体的降解机理。Gao等研究了温度循环对粘接剂的老化影响，发现接头剪切强度随着老化时间的增加呈现先增大后减小的变化趋势。Humfeld等研究了长期热循环对粘接接头性能的影响，发现粘接剂内部残余热应力会随着热循环载荷发生转变，应力状态的变化速率取决于热循环谱和粘接剂的热-机械响应，由于粘接剂对热循环载荷变化的黏弹性响应，导致各种损伤应力的产生，引起粘接剂的损伤和开裂，从而降低耐久性。Buch等将环氧粘接剂在高温氧化环境中进行老化，发现其T_g（225℃）出现了快速下降，并伴随着粘接剂质量的下降，说明暴露表面附近发生了热分解和热氧化降解导致的分子链断裂。Zhang等研究了钢铝单搭接接头在23℃、80℃以及循环温度（23~80℃）中的老化行为，发现23℃时老化不明显，而80℃和梯形温度循环明显降低了接头的失效强度（如图1.5所示）。Viana等研究发现低温能导致接头残余应力的产生，影响粘接强度，残余应力也会出现在高温环境的接头中，但由于聚合物基体的松弛，残余应力不显著，除非接头在高低温循环工况中进行老化。

1.3.2 湿度老化对力学性能的影响

湿度是影响粘接结构的另一重要因素，因为粘接剂是高分子材料，其分子运动较为剧烈，容易受到环境中气体或者水分的影响。水分扩散进入粘接剂的初始阶段，水分对粘接剂的影响是可逆的，主要结果是增塑，导致强度、刚度的下降；随着水分的进一步扩散，会产生不可逆的损伤和裂纹。

Sugiman等将粘接剂哑铃试件和粘接接头放在50℃去离子水中老化2年，研究了其水分扩散系数、热膨胀系数、湿膨胀系数和与水分相关的力学性能特点（如图1.6所示），发现材料的力学性能随含水量的增加而线性下降，老化后接头的剩余强度随着含水量的增加而降低，并趋于饱和。基于粘接剂的湿度依赖性，长期老化的模型被用来预测老化接头的渐进

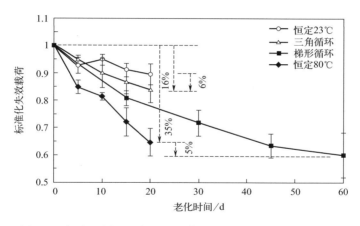

图 1.5　恒定和循环温度老化后单搭接接头的标准化失效载荷

损伤和剩余强度。Liljedahl 等发现胶层的吸湿膨胀导致粘接结构产生残余应力，这可能会进一步增强水分在粘接剂中的扩散。同时由于水分吸收倾向于增强粘接剂的蠕变行为，产生增塑作用使其软化，可能抵消部分吸湿膨胀所带来的残余应力。

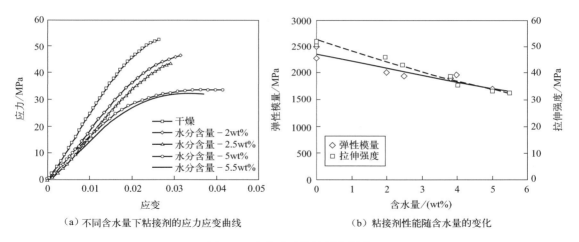

（a）不同含水量下粘接剂的应力应变曲线　　　　　（b）粘接剂性能随含水量的变化

图 1.6　含水量对粘接剂的影响

1.3.3　湿热耦合老化对力学性能的影响

　　粘接结构在高速列车的服役过程中的老化行为，往往是温度和湿度共同作用影响的结果，最常用的耐久性测试方法是通过温度-湿度耦合条件对粘接接头进行加速老化试验。水分引起的粘接剂塑化降低了其屈服应力和刚度，导致失效应变的增加。同时水分会使粘接剂膨胀，由于其塑化作用，不会在接头中产生明显的残余应力。水分是导致粘接剂性能降低的原因，特别是在高温下。然而，粘接剂的吸湿性取决于它的应力状态，接头会受到某种应力的影响。在湿热耦合作用下，粘接剂吸水会引起增塑和膨胀，粘接剂和基材的热膨胀系数差异会引起热应力，除了应变增加外，水分的降解使粘接剂的强度、刚度和断裂韧性等性能明显下降，说明水分降低了接头的强度和使用寿命，粘接结构的耐久性是受多种因素综合影响的结果。粘接结构服役过程中，尤其是高温高湿环境中的湿气扩散加剧粘接剂水分吸收，湿气渗入主要通过粘接剂本体或者粘接界面区域，以自由状态或结合状态的形式存在，造成粘接剂吸湿膨胀，在接头处产生内应力，进而影响接头强度。

范以撒等采用人工加速老化试验与仿真分析相结合的方式，提出了一种基于剩余强度的粘接结构强度校核方法。聂光磊、Zhang 及刘玉等研究了哑铃试件、单搭接接头、对接接头、嵌接接头在湿热环境中的老化行为。其中聂光磊对粘接剂的环境老化行为进行理论建模，为粘接接头的强度退化预测提供参考。姚力从微观角度对湿热老化进行定量分析，建立了粘接剂的微观分子模型，在微观尺度上分析了湿热老化和恢复，发现塑化和水解对粘接剂的老化均可部分恢复。Heshmati 和 Viana 研究了粘接接头在湿热环境中的老化行为，对粘接剂和接头进行定量评估，分析了环境退化机制，讨论影响粘接结构耐久性的环境因素，如图 1.7 所示。Ameli 研究了断裂韧性在湿热环境中的老化行为。Zhang 等研究了钢/铝单搭接接头在 80℃/40%RH 和 80℃/90%RH 条件下老化后的失效强度，对比发现 80℃/90%RH 条件下的失效强度出现明显的下降，同时发现低模量或薄基底的接头强度较小，这是因为材料模量越小基底越薄，在重叠区两端的剥离应力峰值就越高，端部由于过度变形更容易发生剥离。那景新等在湿热循环条件下对不同应力状态下的钢/铝粘接接头进行加速老化试验，发现失效强度都出现了下降，且下降程度与受力形式有关。

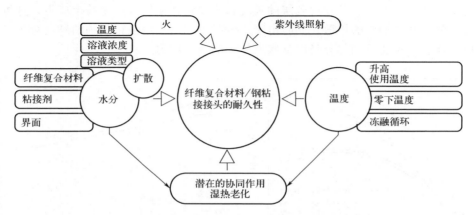

图 1.7　影响粘接接头耐久性的环境因素示意图

1.3.4　粘接剂老化后的化学特性分析

粘接剂是一种高分子化合物，在长期温度和湿度作用下会发生老化，其化学特性也会改变，导致结构的力学性能下降。通过加速湿热老化试验，对老化前后的粘接剂进行化学特性分析，分析材料的老化机理，对于粘接结构湿热老化后的性能分析具有重要意义。国内外学者采用相关的化学特性分析，定性分析粘接剂在湿热环境中老化行为。Boubakri 等研究了水分在热塑性聚氨酯粘接剂中的吸附和扩散行为，发现粘接剂的 T_g、失效强度和弹性模量随着水分的扩散显著降低，并通过 FTIR（fourier transform infrared spectrum，傅里叶变换红外光谱仪）对化学成分进行分析，发现聚合物的降解是不可逆的，力学性能的演化似乎与 FTIR 表征得到的结构参数密切相关。Galvez 等利用 FTIR 分析粘接剂的变化，评估了湿度和温度对聚氨酯粘接接头力学性能和热性能的影响，发现长期老化导致粘接剂发生不可逆的损伤。在循环老化条件下，水分扩散常数和最大含水量随老化循环而增加，饱和状态下的弹性模量和拉伸强度等力学性能降低。Buch 等研究了环氧粘接剂在高温氧化环境中老化情况，发现其 T_g 快速下降，并伴随着质量下降，通过热分解和暴露表面附近的热氧化降解相结合，发现分子链发生了断裂。Anderson 等通过失重法和附着损失法测定了粘接剂的热降解性能，发现随着老化温度和时间的增长，粘接剂的质量和强度均出现下降，并显示了 TGA（thermogravimetric analysis，热重分析）测定的聚合物降解与粘接强度之间的关系。

倪晓雪等研究了不同热氧化温度下粘接剂的性能变化，通过 FTIR、TGA 和 SEM（scanning electron microscope，扫描电镜）分析了温度对粘接剂性能的影响及老化机理，发现随着老化温度和时间的增加，粘接强度下降幅度逐渐增大，主要原因是高分子链节发生了热氧老化而断裂降解。Lin 等研究发现长期湿热老化会导致粘接剂发生不可逆的损伤，如塑化、裂纹形成和水解等，这可能是由聚合物对水解、氧化等的敏感性而引起的。此外，粘接剂吸收的水分会破坏粘接剂中的交联链，造成分子链断裂和浸出（如图 1.8 所示），降低交联密度，从而引起材料 T_g 下降。Giese-Hin 等通过 FTIR 分析评估聚合物的分子结构来确定聚合物的降解，研究人工加速老化对粘接剂力学性能和化学性能的影响。

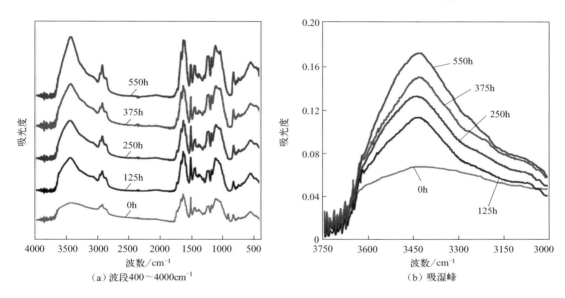

图 1.8　不同老化时间时各官能团的变化

对老化前后的粘接剂进行化学特性分析，发现粘接剂的老化是不可逆的，化学成分变化与力学性能的变化是一致的。关于粘接结构老化的研究，大多基于不同温度和湿度条件进行试验，缺乏在实际服役工况下的强度预测方法。因此可根据粘接剂的化学特性分析，通过化学特性分析揭示深层次的失效机理，探究化学特性与力学性能的内在关系，从物质成分上定性地解释粘接剂的性能变化原因，实现粘接结构剩余强度的准确预测。

1.3.5　粘接接头失效机理分析

关于粘接接头耐久性的研究表明，粘接剂/基材界面对接头力学性能至关重要，湿气侵入能够改变胶层失效断面的轮廓，一般将胶层失效断裂称为内聚失效，内聚失效强度通常比混合失效和界面失效的强度要高。随着老化过程的持续，粘接胶层吸收湿气增加，接头失效断面的轮廓有可能从胶层转移到粘接剂/基材界面上，发生界面失效，如图 1.9 所示。

湿热环境中接头退化经常在粘接剂/基材的界面处失效，因此，接头的强度不能完全由粘接剂的内聚失效强度决定，还需对接头的界面失效强度进行评估。通常湿气的侵入导致粘接接头界面失效的发生，而其他因素（如温度和载荷等）的影响可能会加速界面失效的过程，因此，为了评估接头的界面失效强度，还需了解失效机理。失效机理主要从两方面讨论：一是水动力导致的界面失效；二是阴极分层或阳极破坏导致的界面失效。在粘接剂使用过程中，水分子会逐渐渗透到材料基体中，高温环境更加剧水分的扩散，随着暴露时间的延长，湿气最终可能穿透整个胶层，造成粘接剂力学性能的退化，称作粘接剂的增塑。

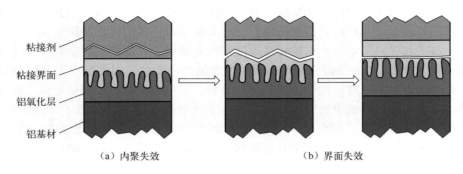

<table>
<tr><td>粘接剂</td></tr>
<tr><td>粘接界面</td></tr>
<tr><td>铝氧化层</td></tr>
<tr><td>铝基材</td></tr>
</table>

（a）内聚失效　　　　　　　（b）界面失效

图 1.9　铝基材粘接接头典型失效模式

水分子聚集在粘接剂/基材界面处，导致聚合物粘接剂溶胀，降低接头的耐久性，湿气浓度、温度以及老化时间均会影响粘接剂的吸湿增塑，水分引起粘接剂增塑造成粘接强度的退化。

通过以上分析发现，粘接结构湿热老化机理的相关研究，主要是针对不同温度和湿度开展的，并没有结合高速列车实际受到的湿热耦合工况预测粘接结构老化后的剩余强度。

1.4　湿热老化与载荷耦合的失效预测方法

高速列车在服役过程中，不仅仅受温度和湿度耦合老化的作用，还长期受静态载荷和交变载荷的作用，这加速了粘接结构的老化，影响了粘接结构的静态力学性能和疲劳寿命，使其在受远小于静态失效载荷的力的作用下发生失效，从而严重影响车辆安全性。同时温度、湿度和载荷会加速粘接结构的老化，老化又会降低结构的疲劳寿命。温度、湿度与载荷通常共同作用于粘接结构，研究多因素耦合作用下粘接结构的失效机理，对粘接结构的性能衰退分析非常重要。国内外学者针对老化和载荷耦合对粘接结构力学性能和疲劳性能的影响进行了相关研究。

1.4.1　湿热与静态载荷对力学性能的影响

高速列车在服役过程中，会受到湿热与静态载荷的耦合作用，粘接结构的使用环境和受力条件是其安全使用的关键。同时载荷持续作用会导致粘接剂发生蠕变现象（外部应力保持不变时，材料应变随作用时间的增加而增大）。研究表明，在湿热条件中粘接结构的蠕变速率明显高于干燥环境，特别是当环境中存在高温作用时，并且施加的载荷水平较大时会发生明显的蠕变。Agarwal 等分别通过温度/湿热循环与静态载荷耦合试验，研究了耦合老化对粘接接头性能的影响。研究发现长期暴露在湿热环境下，接头性能对载荷敏感，仅仅加载失效载荷的 15％时，接头就会很快发生失效断裂。Nguyen 等在 35～50℃范围内对粘接接头进行了温度与静态载荷耦合老化测试，对比了温度循环与静态载荷耦合环境、固定温度与静态载荷耦合环境对粘接接头力学性能的影响，发现固定温度与静态载荷耦合环境的影响更明显，这说明接头的老化不仅与温度有关，还与老化时间和热载荷有关。随着老化时间的增加，接头刚度和承载能力均出现下降。当温度升高或者载荷增大时，接头容易发生提前失效。姚国文等进行了粘接结构在载荷与湿热环境耦合作用下的耐久性研究，发现湿热腐蚀介质渗透粘接界面，对结构耐久性造成了损伤，载荷耦合作用进一步加剧了损伤演化。

Han 等分析了热-湿-载荷耦合条件下粘接接头的强度退化，建立了全耦合环境退化模型，并发现水分显著降低了接头强度，而持续载荷的介入进一步扩大了其影响，但载荷较小时影响程度不太显著。相比无载荷，在载荷作用下哑铃试件的杨氏模量和失效强度下降了 9.5％和 5.3％。蔡亮研究了聚氨酯粘接剂在湿热循环与静态载荷耦合作用下的力学性能，发现载荷对接头的失效强度和断面影响较大。唐丽萍研究了环氧树脂粘接剂哑铃试件在50℃下未加载、施加15%和25%最大拉伸失效载荷的蠕变行为，发现蠕变应变在老化开始阶段增长迅速，随着老化时间增加增长速率逐渐下降，蠕变应变分别达到了2.9%、5.0%和7.5%，施加的外载荷越大蠕变应变越大，更容易产生微裂纹。同时发现失效强度随着老化时间的增加先出现小幅度的增加，然后迅速降低，失效载荷分别下降了5.3%、24.5%和45.1%，说明静态载荷能够增加粘接剂的蠕变，并降低其承载能力。张永祥等对环氧树脂粘接剂进行了室温以及湿热状态下加载不同应力水平的蠕变测试，发现在相同的应力水平下，湿热老化对粘接剂蠕变特性影响更大，而且受到的影响随着应力的增大逐步增大。

1.4.2 湿热与交变载荷对力学性能的影响

现有关于湿热环境与动态载荷耦合作用的研究，主要集中在湿热条件与交变载荷"顺序作用"，比如湿热老化/交变载荷老化先后进行等方面，关于温度、湿度及交变载荷对接头性能的耦合作用的讨论较少。Li等先后对CFRP（carbon fiber reinforced plastic，碳纤维增强塑料）/钢粘接结构进行超载疲劳以及干/湿循环老化，发现超载损伤主要发生在缺口边缘附近，致使水分更容易渗透，导致粘接界面的退化，加剧了结构强度和刚度的下降。Wang等同样发现经过载荷老化后粘接结构在湿热环境中性能下降更为明显。Chen等采用自制的原位腐蚀-疲劳试验装置，研究了粘接接头在腐蚀-机械疲劳载荷共同作用下的失效行为，分析疲劳寿命预测模型和疲劳裂纹扩展，发现腐蚀环境下粘接接头的疲劳寿命降幅更为明显（如图1.10所示）。

Yaniv等研究发现高分子粘接剂吸湿特性与其应力状态密切相关。当材料受到拉应力时，水分扩散速率增大，而压缩时则相应减小。在交变载荷作用下，粘接结构内部应力状态不断改变，在高应力状态下，由于材料致密性下降等原因，水分可能会更快地渗透至粘接结构内部，加速粘接结构的老化。Briskham等研究了铝合金单搭接接头在55℃水中分别与静态载荷（2MPa）、循环载荷（0.5~1.2MPa）耦合作用下的耐久性，并与未加载的接头进行对比，发现在周期性循环载荷作用下接头性能下降最明显，因此湿热与循环载荷耦合作用是测试接头耐久性比较有效的方法。郭守武使用聚氨酯粘接剂加工了剪切和拉伸粘接接头，施加动态载荷进行试验，发现接头的剩余强度下降，失效形式从内聚失效变成了内聚/界面的混合失效。

1.4.3 湿热对疲劳性能的影响

在实际应用中，高速列车粘接结构容易受湿热耦合环境的作用，温度和湿度引起的材料老化影响结构的疲劳性能，并随着结构服役周期的增加，其老化程度加重。Ferreira等研究了不同温度下的水浸作用对单搭接接头疲劳性能的影响，并分析讨论了疲劳损伤和失效机理，发现水温对疲劳性能的影响程度更大，温度范围内的蠕变变形可能是动态刚度下降的主要原因。Datla等对湿热老化后的双悬臂梁粘接试件进行循环加载，发现疲劳应变能释放率随老化时间的延长而降低，直至达到恒定的最小值，而疲劳裂纹扩展速率随着老化时间的增加而增加，直至达到上限值。

Sugiman等研究了湿度对粘接接头疲劳性能的影响，接头在50℃去离子水中浸泡两年后进行疲劳试验，采用背面应变技术监测接头的损伤萌生和扩展，研究发现疲劳寿命随含水量的增加而降低，接近饱和时趋于稳定。采用基于应变的疲劳损伤法则和双线性牵引力位移法则预测接头的疲劳响应，模型中考虑了热膨胀应变引起的残余应力。Su等研究发现温度升高加速湿气扩散，影响聚合物粘接剂的疲劳强度，湿度和温度单独作用对接头疲劳强度产生影响，但是湿热耦合对接头的影响可能更明显。粘接结构疲劳特性要考虑老化效应的影

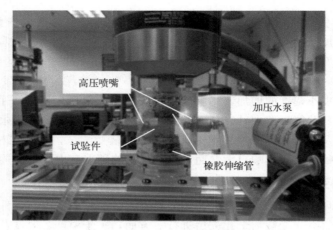

（a）原位腐蚀-疲劳加速试验系统

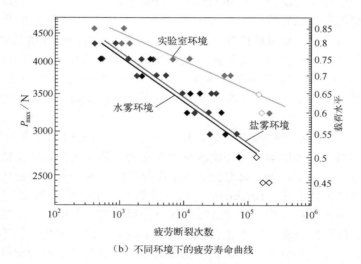

（b）不同环境下的疲劳寿命曲线

图 1.10　原位腐蚀-疲劳试验及分析

响，在不同老化条件下疲劳寿命衰减表现出不同的退化机理。因此研究老化对接头疲劳特性影响具有重要意义。

1.4.4　粘接结构寿命预测方法

目前最常用的粘接接头强度预测方法是基于内聚力模型的数值模拟，但需要确定内聚力与接头几何参数之间的关系。面对复杂的实际服役工况，车辆粘接结构可能同时遭受湿热环境及各种形式载荷的耦合作用。常用的耐久性测试方法是通过温度-湿度耦合环境对粘接结构进行加速老化，由于其未考虑载荷的影响，该耐久性测试方法一般周期较长。由于载荷作用下能够加速水分的吸收，对粘接界面造成损伤，而且在载荷的作用下还能产生蠕变，因此在测试耐久性的时候对接头进行加载处理，不仅与实际服役条件更加一致，还能提高测试效率。为了研究 CFRP/钢粘接结构在海洋环境下的耐久性，Borrie 等首先将接头在不同温度的 5%NaCl 溶液中浸泡 6 个月，并施加静态拉伸载荷，对接头进行预先设定的循环次数的疲劳加载，静态拉伸加载至失效，得到接头剩余强度。该研究发现经过耦合老化和疲劳后，接头强度下降 10%～15%，而薄板和层压板试样的强度下降了 28% 和 20%，失效机理发生改变。Agarwal 等研究了温度循环（10～40℃/10～50℃）、静态载荷（30% 和 50% 静态失效载荷）、水浸泡对 CFRP/钢单搭接接头老化的影响，发现单一的温度、载荷和水分影响不明显，但是湿热共同作用时，强度下降了约 15%，湿-热-载荷共同作用的时候强度下降了约 47%。Castro Sousa 等指出粘接接头在结构部件中处于多轴应力状态，因此建立了考虑混合加载模式的疲劳失效准则，预测粘接剂在不同加载混合比下的疲劳寿命，但该方法没有与实际服役工况相关联，如图 1.11 所示。黄亚江等综合户外自然环境和人工模拟环境，探讨了材料老化失效规律的对应关系、服役寿命理论的预测模型及失效防治延寿的方法。

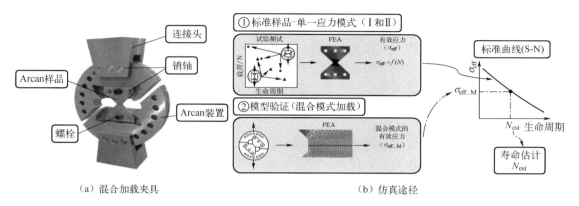

（a）混合加载夹具　　　　　　　　　　　（b）仿真途径

图 1.11　混合加载疲劳试验研究

Emara 等通过实验研究了环氧树脂粘接剂的蠕变性能，使用恒定的载荷水平、温度和湿度作为研究对象，并采用拉伸试验、动力学分析和差示扫描量热法对粘接剂进行表征，发现温度和湿度条件的变化不仅会对瞬态应变和蠕变应变产生很大影响，还会影响失效时间，改变粘接剂整体性能。提高温度和湿度能够快速提高其蠕变行为，并且温度的影响可能更明显。Jha 等基于考虑应力状态的位移-牵引力法则以及不可逆的损伤参数，建立了复杂应力状态下寿命预测的内聚力模型。韩啸进行了粘接剂和粘接接头湿-热-力联合老化环境的实验室模拟，采用完全耦合建模分析方法，建立接头的退化行为模拟模型和剩余强度预测模型，并对环境老化过程中胶层内部的水分扩散、应力和蠕变应变分布状态进行了分析。

通过以上分析发现，关于粘接结构寿命预测方法的研究，主要是通过内聚力模型进行数值模拟仿真来预测寿命，并且现有粘接结构寿命预测方法仅基于加速老化试验，难以建立加速老化与自然老化的等效关系，因此预测粘接结构在服役过程中的剩余强度非常困难。湿热与载荷耦合对粘接结构具有明显的影响，粘接结构在服役过程中受到老化与疲劳的双向耦合作用，结构的寿命预测变得困难和复杂。目前国内外关于高速列车粘接结构寿命预测的研究很少，而中国高速列车尚未完成一个完整的装备寿命期的考核，建立一种有效的粘接结构寿命预测方法，是我国高速列车领域亟须突破的重大难题。

1.5　研究目的与内容

粘接作为高速列车结构多种材料混合设计中的关键技术，为多种材料之间的连接问题提供了有效的解决方案。为了避免车体粘接结构突然失效导致恶性事故，迫切需要知道粘接结构的强度和疲劳寿命能否继续满足使用要求，因此分析温度、湿度和载荷多种因素作用对粘接结构强度和疲劳寿命的影响尤为重要。国内外学者对此进行了大量的研究，揭示了温度、湿度、载荷以及各变量之间的耦合作用对粘接接头的影响，为粘接在工程上的应用提供了重要参考，但目前仍存在以下方面的不足：

（1）粘接剂为高分子材料，力学性能对环境温度和湿度敏感，而且老化特性显著。大多数研究主要选取单一应力状态的接头形式，但是粘接结构所受应力状态复杂，并不符合实际受力状态，定量评价和预测老化后粘接结构的剩余强度比较困难。此外，温度敏感性使粘接剂的力学性能和失效模式随温度发生改变，缺少服役温度区间内考虑老化影响的粘接结构失效预测模型。

（2）高速列车实际服役过程中温度变化幅度大，不同温度对粘接剂疲劳性能影响显著，然而目前的研究主要聚焦于特定的环境温度对粘接接头疲劳性能的影响，没有充分考虑服役温度区间内的粘接结构疲劳特性。

（3）现有的粘接结构老化性能预测方法不能充分地反映其工作环境与受力状态。大多数研究主要集中在单一环境因素（温度、湿度）或者单一环境因素与载荷（静态载荷、动态载荷）耦合作用对粘接结构力学性能的影响。而高速列车在长达数年的服役过程中，粘接结构长期暴露在自然环境中，受到温度、湿度、载荷的共同作用。因此分析湿热与载荷耦合作用下粘接结构的性能变化规律和失效机理，研究耦合作用机制，对粘接结构的性能预测具有重要意义。

（4）大多数学者通过人工加速老化试验研究粘接结构的老化行为，探索温度、湿度和载荷耦合作用对粘接接头性能的影响规律，但是并没有建立人工加速老化与实车自然老化之间的关系。通过对粘接接头加速老化规律与实车运行自然老化规律的研究，建立车身粘接结构的寿命预测方法，这对于粘接结构的使用寿命预测具有重要意义。

现有的实验室加速老化规律无法直接指导车身粘接结构的寿命预测。考虑到目前研究存在的不足，本书基于国家自然科学基金项目"面向新材料车身的粘接结构老化寿命预测方法研究（51775230）"，针对高速列车的实际服役工况，研究了粘接接头的湿热老化机理及接头老化后剩余强度预测，并分析了服役温度对老化后接头力学性能的影响及失效准则，同时揭示了服役温度对粘接接头疲劳性能的影响和失效机理，解析了老化与载荷耦合作用对接头损伤演化与耦合失效机理的影响，建立合理有效的粘接结构寿命预测方法，为高速列车粘接结构的设计、强度校核和寿命预测提供了参考。本书共分为8章，各章节具体研究内容如下。

第1章 绪论
◆ 介绍研究背景和意义；
◆ 介绍和回顾了服役温度、三种老化因素（温度、湿度和载荷）对粘接接头性能的影响，以及粘接结构寿命预测方法讨论；
◆ 总结了现有研究的不足，并对本书的研究内容和章节进行了介绍。

第2章 湿热耦合对粘接接头力学性能的影响
◆ 对粘接接头进行高温和高温高湿环境的加速老化，对老化后的接头进行多工况静力学试验，建立老化系数随时间变化的失效强度变化模型；
◆ 通过对粘接剂进行波谱分析，讨论老化失效机理；
◆ 对失效断面分析宏观形貌和失效模式，并使用SEM研究微观断裂机理。

第3章 服役温度对湿热老化后接头力学性能的影响
◆ 测试哑铃试件在不同温度下的应力-应变曲线，分析失效强度、失效应变和杨氏模量的变化；
◆ 对湿热老化后的接头进行不同温度（－40℃、20℃和80℃）下的力学性能测试，分析复杂应力状态下的失效载荷变化规律；
◆ 建立表征不同老化系数的粘接接头在不同温度下的失效模型；
◆ 通过粘接接头的断面分析研究其失效模式，通过SEM分析微观断裂机理。

第4章 服役温度对粘接接头疲劳性能的影响
◆ 选取不同的温度条件（－40℃、－10℃、20℃、50℃和80℃）对粘接接头进行准静态和疲劳试验，研究温度对接头准静态和疲劳性能影响的内在规律，获得疲劳应力-寿命曲线；

◆ 构建具有区间特性的疲劳寿命关系函数，得到对应温度区间内疲劳寿命与温度、应力幅值之间的函数关系；

◆ 通过宏观形貌和 SEM 图对不同温度下的疲劳失效断面进行分析，揭示了其失效机理。

第 5 章　湿热与静态载荷耦合对接头力学性能的影响

◆ 讨论在高温和高温高湿条件时静态载荷作用下的蠕变，分析蠕变变形和失效机理，建立合适的蠕变模型；

◆ 对粘接接头进行湿热与静态载荷耦合作用的老化试验，获得失效强度随环境条件与载荷水平的变化规律；

◆ 通过宏观形貌和 SEM 图对失效断面进行分析，揭示了其失效机理。

第 6 章　湿热与交变载荷耦合对接头力学性能的影响

◆ 在高温和高温高湿环境下，施加不同载荷水平的交变载荷对粘接结构进行加载试验，获得失效强度随载荷水平与加载时间的变化规律；

◆ 通过宏观形貌和 SEM 图对失效断面进行分析，揭示其失效机理；

◆ 通过方差分析，研究温度、湿度和载荷三种因素对接头强度的影响以及三者之间的交互作用。

第 7 章　高速列车粘接结构的寿命预测方法

◆ 结合列车在行驶过程中环境和载荷因素对车窗粘接结构的影响，建立合适的温度-交变载荷耦合循环谱；

◆ 对粘接接头进行人工加速老化试验，研究分析材料的剩余强度及失效形式等性能；

◆ 结合人工加速老化和实车自然老化的强度衰减曲线，建立载荷循环次数与实车行驶里程的对应函数关系。

第 8 章　总结与展望

◆ 对全书内容进行总结，分析主要创新点，并介绍本书中存在的不足和工作展望。

本书主要研究内容框架如图 1.12 所示。

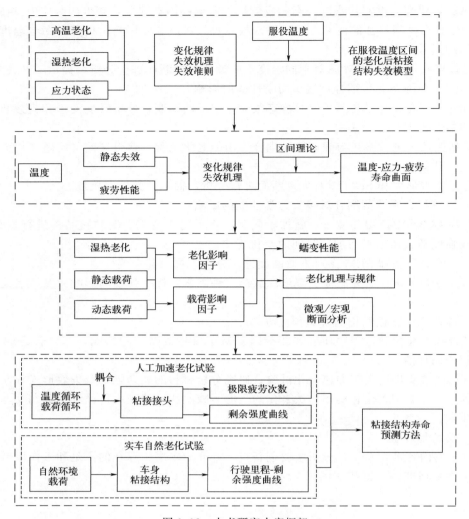

图 1.12　本书研究内容框架

第 **2** 章

湿热耦合对粘接接头力学性能的影响

2.1 引言

　　高速列车在服役过程中，粘接结构容易受到温度、湿度等环境因素的综合作用。我国不仅南北方温度和湿度差异大，而且同一个地区在一年中的温度、湿度也存在巨大差异。粘接剂作为高分子化合物，在长期环境温度、湿度作用下会发生老化，其化学特性也会发生改变，导致材料力学性能下降。此外，车体粘接结构处于复杂应力状态中，失效形式复杂。粘接剂老化不仅会导致粘接结构强度降低，而且直接影响粘接结构在复杂应力状态下的失效形式。

　　本章研究目的是讨论高速列车粘接结构在加速老化环境下的耐久性，通过复杂应力状态下粘接接头的力学性能测试，研究粘接接头在湿热耦合环境中的老化作用及失效机理，建立粘接结构老化后的失效准则。首先对粘接接头进行高温（80℃）和高温高湿（80℃/95％RH）环境下的加速老化，老化周期分别为 0、6、12、18、24 和 30d，对不同老化周期的粘接接头进行多工况静力学试验。为了分析粘接接头的不同受力形式，提出一种改进型 Arcan装置来表征粘接接头在混合加载模式下的失效。研究在拉伸、剪切和拉/剪应力状态加载对接头失效强度的影响，分析接头失效强度随老化周期的变化规律，进一步建立粘接接头在不同湿热耦合环境作用下老化系数随时间变化的失效强度变化模型，准确表征不同老化系数的粘接结构力学性能，实现粘接结构宏观失效预测。

　　通过波谱分析方法对粘接剂进行化学特性分析，结合老化前、后粘接剂的化学特性，分析粘接接头的老化失效机理。通过粘接接头的失效断面分析宏观形貌和失效模式，并使用SEM 研究微观断裂机理。最后建立基于二次应力准则的失效准则，分析老化后粘接接头的失效准则与老化周期之间的关系。

2.2 材料的选择与接头制作

2.2.1 试验材料

　　粘接技术在高速列车部件组装过程中得到了广泛应用，如 CRH1～CRH13 系列和CRH380 系列的列车组侧窗结构、侧裙围结构和头部曲面结构，都是通过粘接与列车框架连接的，图 2.1 为高速列车侧窗粘接结构。车窗玻璃与车体框架热传导系数不同，温度变化时的变形量不同，因此胶层必须保证一定的厚度和变形能力，因此车窗与车体框架的连接选择了弹性粘接技术。车窗玻璃与车体框架通过弹性粘接，形成窗户组成单元。弹性粘接技术提高了气密性，减少了水蒸气的穿透性，缓和了高速列车交会和穿过隧道时对车辆侧窗的冲击和振动，降低了空气动力噪声对车内的影响，保证了列车的安全性和乘坐舒适性。

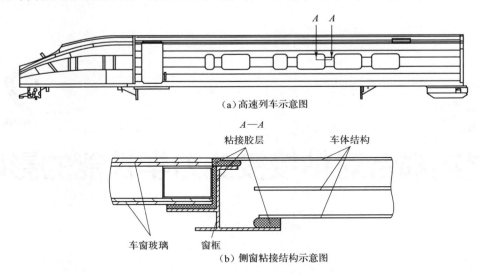

图 2.1　高速列车侧窗粘接结构

　　本书中选择 6000 系铝合金中的 6005A 型铝合金作为粘接基材，其主要含有 Al、Mg、Si 等元素，具有较高的强度、良好的塑性，还具有耐腐蚀性等特性，使其成为替代高速列车中较重的材料，以满足减重需求的理想选择，在高速列车和轨道客车车身上是常用的轻量化材料。6005A 型铝合金的基本技术参数（由供应商提供数据）如表 2.1 所示。

表 2.1　6005A 型铝合金的力学性能

杨氏模量/GPa	泊松比	密度/(kg/m³)	屈服极限/MPa	抗拉强度/MPa
71	0.33	2730	225	270

　　本书研究的结构胶选用瑞士 Sika 公司生产的单组分聚氨酯粘接剂 Sikaflex®-265，可暴露在大气湿度下通过吸收空气中水分完成自身固化，固化后形成永久弹性体，具有广泛的应用范围，例如轨道列车、客车和卡车等。这种粘接剂具有优异的高延展性、疲劳耐久性、抗冲击性和高韧性等，实现粘接基体的弹性连接，能避免连接结构应力集中，提高疲劳性能，同时具有减振、降噪等优点。Sikaflex®-265 粘接剂的基本技术参数（由供应商提供数据）如表 2.2 所示。

表 2.2　Sikaflex®-265 粘接剂的力学性能

属性	数值	属性	数值
杨氏模量，E/MPa	2.7	密度/(kg/m³)	1500
泊松比，υ	0.48	工作温度/℃	−40~90
拉伸失效强度，σ_f/MPa	6	玻璃化转变温度/℃	大约−45
剪切失效强度，τ_f/MPa	4.5	固化率/(mm/24h)	4
撕裂强度/MPa	12	收缩率/%	3
断裂延伸率/%	450		

单组分湿气固化聚氨酯粘接剂的固化机理是异氰酸酯与水作用形成不稳定的中间体氨基甲酸酯，然后快速分解生成 CO_2 和胺，然后胺再与体系中过量的异氰酸酯反应，最后形成具有网络结构的弹性体，其反应式如图 2.2 所示。

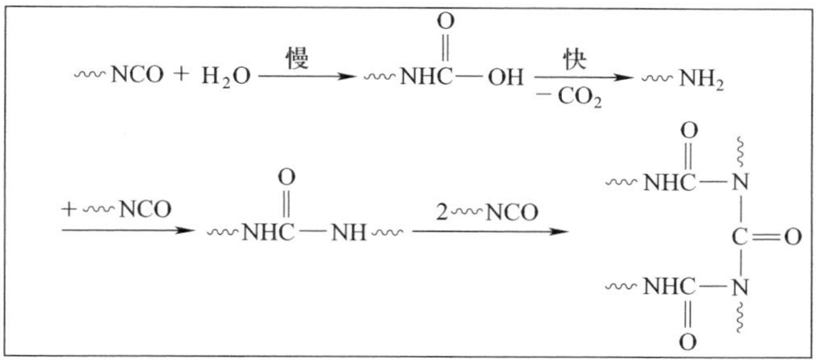

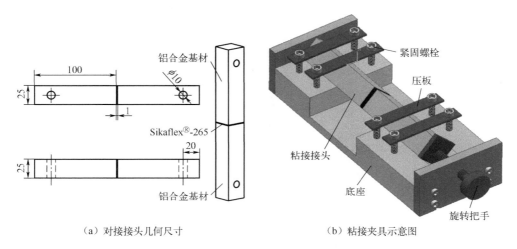

图 2.2 粘接剂固化机理

2.2.2 粘接接头设计和加工

为了研究粘接接头在正应力状态下的力学性能，设计并制造了对接接头。虽然对接接头在自由边缘附近的应力状态为剪应力和正应力相结合，且存在明显的应力集中，但是接头胶层内部的主应力为正应力，除粘接层末端外，正应力分布均匀。假定用对接接头表示正应力，在工程实际中是可以接受的。对接接头的几何形状和尺寸如图 2.3(a) 所示。接头的总体尺寸为 201mm×25mm×25mm，粘接面积为 25mm×25mm，胶层厚度为 1mm。

接头在无尘、稳定的环境（温度 25℃±5℃，湿度 50％±5％）中制备。为了避免因表面处理不当导致粘接失败，首先对粘接基材进行表面处理，采用 80 目砂纸沿粘接面对角线方向对铝合金交叉打磨，以增加表面粗糙度。然后使用 Sika Remover 208、Sika Aktivator 和 Sika Primer-206G＋P 依次擦拭粘接表面。为了更好地研究粘接剂对铝合金基材的粘接性能，应尽可能保证铝粘接表面预处理的一致性。当上述所有预处理过程完成后，在铝合金基材表面涂胶，并使用粘接夹具进行粘接，如图 2.3(b) 所示，通过旋转把手控制上下铝合金基材之间的距离，利用游标卡尺测量中间胶层的相对尺寸，以便更好地控制胶层厚度。接头在温度 25℃±5℃，湿度 50％±5％的条件下固化 4 周，随后清理余胶，进行下一步的试验。

（a）对接接头几何尺寸   （b）粘接夹具示意图

图 2.3 对接接头的几何尺寸（单位：mm）和粘接夹具示意图

2.2.3 接头应力分布

工程中的粘接结构往往受到拉伸、剪切、弯曲、扭转或复合载荷的作用，使得胶层始终处于正/剪应力状态。由于拉伸和剪切载荷的复合加载是确定材料强度和本构关系的一种简便方法，因此复合载荷的准静态加载试验得到了广泛的应用。拉伸载荷产生正应力，而剪切载荷产生剪应力，此外，拉伸和剪切载荷的组合加载会产生从纯正应力到纯剪应力之间的不同应力状态。为了便于识别组合荷载的影响，根据每个载荷条件的角度，将破坏应力矢量设为正应力 σ 和剪应力 τ，如图 2.4 所示。正应力 σ 和剪应力 τ 分量的大小由式（2.1）和式（2.2）给出。

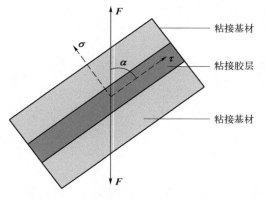

$$\sigma = F\sin\alpha / S \qquad (2.1)$$
$$\tau = F\cos\alpha / S \qquad (2.2)$$

式中，σ 为正应力，MPa；τ 为剪应力，MPa；F 为失效载荷，N；S 为粘接面积，mm²；α 为加载角度。

图 2.4　粘接接头胶层内部应力矢量

平行于粘接面的方向表示施加在胶层的剪应力方向，垂直于粘接面的方向表示胶层受到的拉伸应力方向，α 为载荷施加的角度，可通过 α 来判定胶层所受的拉剪组合应力值。因此，嵌接接头（$\alpha = 45°$）受剪应力和正应力的组合作用，嵌接接头的正应力和剪应力分量之比为 1。而搭接和对接接头的角度 α 分别为 0° 和 90°。搭接、嵌接和对接接头的正应力与剪应力之比分别为 0、1 和 $+\infty$。对接接头在胶层中的正应力比例最高，其次是嵌接和搭接接头。

2.2.4 改进型 Arcan 夹具设计

为了研究不同应力状态下的粘接接头，开发并制造了一种改进型的 Arcan 夹具（如图 2.5 所示），该夹具能够实现拉伸和剪切组合加载。Arcan 夹具主要由半圆形钢板、加载块、

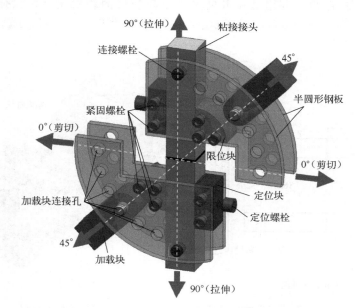

图 2.5　Arcan 夹具原理图

定位块、限位块、连接螺栓、定位螺栓和紧固螺栓等组成。半圆形钢板由 4 块具有多个孔的独立钢板组成，钢板厚度为 6mm，其上面的孔分别用于连接、限位和定位，使得加载方向与接头方向相关。粘接接头两侧设有定位块、限位块、紧固螺栓和定位螺栓，用于固定和限制接头。定位块、限位块和半圆形钢板通过紧固螺栓连接。定位块的一侧采用线切割加工出薄板，通过转动定位螺栓，薄板能够发生变形从而压紧接头侧面，实现接头的准确定位，防止接头在拉伸过程中发生晃动从而导致应力状态发生改变。采用两个连接螺栓来连接粘接接头，确保载荷传递均匀。通过加载块以不同的角度给圆形钢板加载，可以在粘接接头处获得特定的应力状态。在此，本书设置 7 种应力状态，半圆形钢板上的连接孔分别加工成 0°、15°、30°、45°、60°、75°、90°，通过改进型的 Arcan 夹具实现 7 种加载条件。

2.3 试验装置与测试方法

2.3.1 湿热耦合老化试验测试

采用人工加速老化模拟高速列车在服役过程中遇到的恶劣环境条件，加速粘接剂的降解，分析其力学性能变化规律及失效机理。本章根据高速列车服役环境中的极端环境条件，参考标准《轨道车辆与轨道车辆部件的粘接》（DIN6701-2：2015-12），选取高温（80℃）和高温高湿（80℃/95％RH）环境进行加速老化试验测试，老化周期分别为 0、6、12、18、24 和 30d，对比分析极限温度和湿度老化环境对接头力学性能的影响。为了便于描述，高温（80℃）和高温高湿（80℃/95％RH）老化工况分别采用"GW"和"GWGS"表示。加速老化试验在 WSHW-080BF 湿热环境箱（浙江嘉兴韦斯实验设备有限公司）中进行（如图 2.6 所示），工作温度范围为 −40～150℃，湿度范围为 20％～99％RH，温度波动 ±0.1℃，湿度波动 ±1％。

图 2.6 湿热环境箱

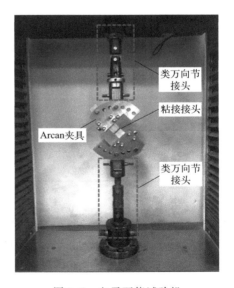

图 2.7 电子万能试验机

通过改进型的 Arcan 装置，对老化后的粘接接头进行准静态加载测试，选取对接、嵌接和搭接接头类型，分别代表三种应力状态（正应力、正/剪组合应力和剪应力），为后期方便描述，分别用"BJ""45°SJ"和"TASJ"表示三种应力状态。

准静态拉伸试验采用电子万能试验机（WDW 系列，长春科新公司，如图 2.7 所示），其最大实验力 100kN，有效测力范围 0.4％～100％，力分辨率 1/240000，力示值相对误差

±0.5%，运行速度范围 0.005～500mm/min，速度示值相对误差±0.5%。为了消除非轴向力，接头的两端通过类万向节结构连接到试验机上，以 5mm/min 的恒定速率测试粘接接头。对于每个接头，根据载荷、位移和试样尺寸绘制载荷-位移曲线。对比分析高温和高温高湿环境对力学性能的影响，讨论接头失效载荷、失效位移和失效强度的变化规律，并进行失效断面的宏观形貌和微观测试分析。每种试验工况重复 4 次，所有试验均在 25℃/50% RH 下进行。

2.3.2　FTIR 分析测试

采用 FTIR 光谱分析方法分析 Sikaflex®-265 粘接剂的结构变化。用于分析的样品从未老化和老化后接头的粘接胶层中间提取，每个样品的重量为 4mg ± 0.2mg。利用 VERTEX70 _ Bruker 光谱仪获得样品表面的光谱图。采用衰减全反射（attenuated total reflection，ATR）方式获得粘接剂的 FTIR 波谱图，使用平均分辨率为 $4cm^{-1}$，光谱范围 $4000～600cm^{-1}$ 进行 200 次扫描。

2.4　结果与分析讨论

2.4.1　傅里叶变换红外光谱分析

有机物的分子吸收红光（波数 $4000～600cm^{-1}$）之后，会从低能级向高能级跃迁，由于不同分子结构吸收的能量不同，因此能够获得不同特征的红外吸收光谱，根据红外光谱中吸收峰的位置和吸收强度等特点，可以识别有机物分子中的官能团。一般可以将红外光谱图分为特征频率区（$4000～1500cm^{-1}$）和指纹区（$1500～400cm^{-1}$），由于不同有机物的特征频率区的吸收峰值差异较大，因此可以用于化合物或混合物成分的鉴定。对高温老化和高温高湿老化前后的粘接剂进行 FTIR 分析，能够从物质成分上定性地分析粘接剂的变化，其主要官能团类别及其对应波数如表 2.3 所示。

表 2.3　Sikaflex®-265 粘接剂的波谱中主要官能团位置

波数位置/cm^{-1}	官能团	波数位置/cm^{-1}	官能团
2960,2870	—CH₃ 伸缩振动峰	1510	苯环骨架振动
2925	—CH₂ 伸缩振动峰	1452	CH₂,CH₃ 伸缩振动
1727	氨基甲酸酯 C—O 伸缩振动峰	1371	异氰酸酯 NCO 对称伸缩振动
1599	苯环伸缩振动	1273	氨基甲酸中 C—O 伸缩振动
1538	氨基甲酸酯的酰胺Ⅱ谱带,N—H 变形振动峰	1070	Si—O—Si 伸缩振动峰

如图 2.8 所示为 Sikaflex®-265 粘接剂未老化、高温老化 30d 和高温高湿老化 30d 的 FTIR 光谱。$2970～2868cm^{-1}$ 和 $1452cm^{-1}$ 区域的峰值分别对应于 CH_3 和 CH_2 基团的伸缩振动。$1727cm^{-1}$ 处的峰值对应于—NH—CO—NH—和—NH—COO—中 C═O 基团的伸缩振动。$1599cm^{-1}$ 和 $1510cm^{-1}$ 处的峰值分别对应于苯环的伸缩振动和骨架振动，而 $1538cm^{-1}$ 处的峰值分别对应酰胺Ⅱ（N—H）的吸收。$1371cm^{-1}$ 和 $1273cm^{-1}$ 处的峰值分别对应于—NCO 对称伸缩振动和 C—O 伸缩振动。$1070cm^{-1}$ 处的吸收峰对应于 Si—O—Si 不对称振动。

发现未老化和老化后粘接剂的光谱在大多数区域都具有高度可重复性，在相同的波数上具有相同的峰值。然而，由于湿热老化的影响，各种化学键的吸收强度发生了变化。$2925cm^{-1}$、$2870cm^{-1}$、$1727cm^{-1}$ 和 $1273cm^{-1}$ 附近的特征吸收峰强度降低，湿热老化下降更为明显。如前文所述，$1727cm^{-1}$ 处的峰值对应于 NH—CO—NH—和—NH—COO—中 C═O 基团的伸缩振动。—NH—CO—NH—和—NH—COO—的官能团特别容易水解。在

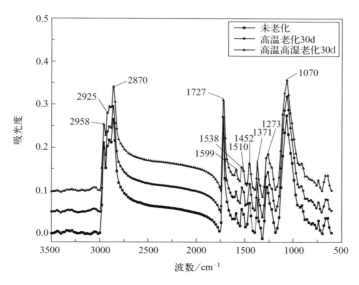

图 2.8　老化前、后粘接剂的 FTIR 光谱

$1452 cm^{-1}$ 和 $1371 cm^{-1}$ 处，这两个峰值可以解释为 CH_2 和 CH_3 中 C—H 链的变形，而 $1538 cm^{-1}$ 处的峰值是酰胺 Ⅱ （N—H） 的吸收。这些结构变化提供了证据，表明聚合物链断裂导致湿热老化后粘接强度降低（在高湿度下，吸水率会直接导致聚合物水解）。由于聚氨酯易水解，长时间的湿热老化可能导致聚氨酯的不可逆损伤。聚氨酯化学反应是以异氰酸酯的化学反应为基础的，由于异氰酸酯的化学特性，当异氰酸酯与水反应时，首先生成不稳定的氨基甲酸，然后立刻分解，放出二氧化碳，生成氨基化合物：

$$RNCO + H_2O \xrightarrow{\text{慢}} RNHCOOH \xrightarrow{\text{快}} RNH_2 + CO_2 \uparrow$$
氨基甲酸

氨基进一步与异氰酸酯反应生成脲类化合物：

$$R'NCO + RNH_2 \longrightarrow R'NHCONHR$$

因此，当暴露在湿热环境中时，粘接剂可能会被氧化，导致羰基的形成，特别是多脲。这种结构改变，即链断裂和再结合，提供了湿热老化对材料有害影响的证据。

2.4.2　载荷-位移曲线

粘接接头在经过不同周期的高温老化和高温高湿老化后，利用万能试验机对粘接接头进行常温下的准静态测试，分别得到对接、嵌接和搭接接头的载荷-位移曲线，如图 2.9 和图 2.10 所示。

从图中可以发现，对接接头与嵌接、搭接接头的载荷位移曲线有完全不同的变化趋势。对接接头在短弹性阶段后发生非线性弹性变形，达到破坏载荷，最终迅速断裂。与之相反，老化前后嵌接接头和搭接接头的曲线呈现出相似的趋势：线性上升后，达到破坏载荷，然后曲线急剧下降，这意味着最终破坏是一个快速的断裂。高温老化后，粘接接头的失效载荷略有下降，而失效位移没有发生较大变化。但在高温高湿老化后，随着老化时间的延长，粘接接头的失效载荷和位移明显减小。并且失效载荷和位移变化的幅值与接头的应力状态密切相关，对接接头的失效载荷和位移变化最明显，嵌接接头其次，搭接接头变化相对较小，说明随着正应力比例的增加，接头失效载荷和失效位移变化更加明显。

上述结果表明，高温老化对粘接接头的影响比较小，而高温高湿老化对接头的力学性能

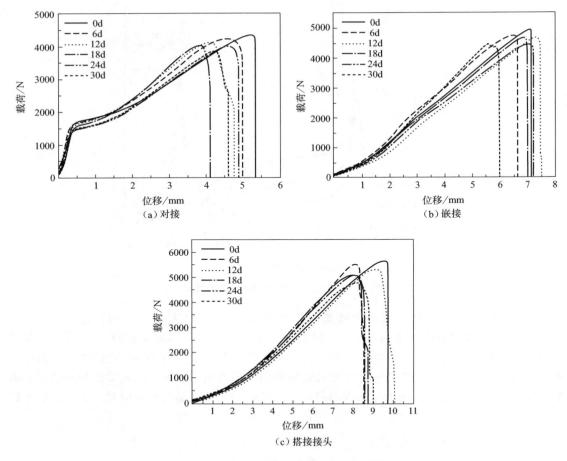

图 2.9　高温老化后的载荷-位移曲线

影响很大，老化环境没有改变载荷-位移曲线的变化趋势。高温高湿老化环境对粘接接头的失效载荷和位移有显著影响，其影响程度与接头的应力状态密切相关。

2.4.3　力学性能变化分析

为了分析高温老化条件下粘接接头的力学性能的变化规律，绘制高温老化条件下失效载荷和失效位移随老化时间的变化曲线，如图 2.11 所示。分析发现，搭接试件的平均失效载荷和失效位移均高于嵌接和对接，嵌接接头的平均失效载荷和位移高于对接接头。因此，平均失效载荷和位移随着正应力比例的增加而减小。此外，与未老化相比，经过 30d 高温老化后，接头的平均失效载荷普遍略有下降，对接、嵌接和搭接接头的平均失效载荷分别下降了 14.4％、11.9％和 7.0％。并且随着老化时间的增加，平均失效载荷的标准差增大。与未老化相比，嵌接和搭接接头在老化 30d 后的平均失效位移几乎没有变化，而对接接头的平均失效位移下降了 12.8％。

分析高温高湿老化条件下粘接接头的力学性能变化规律，得到接头平均失效载荷和失效位移随老化时间的变化规律，如图 2.12 所示。发现，随着老化时间的增加，各种类型接头的平均失效载荷和失效位移均显著降低。与未老化相比，对接接头老化 30d 后的平均失效载荷降低了 45.5％，其中老化 6d 和 18d 后下降明显，下降幅度分别为 17.3％和 35.1％。随着老化时间的延长，聚合物的降解速率变慢，载荷和位移的下降速率减小。老化 30d 后，嵌

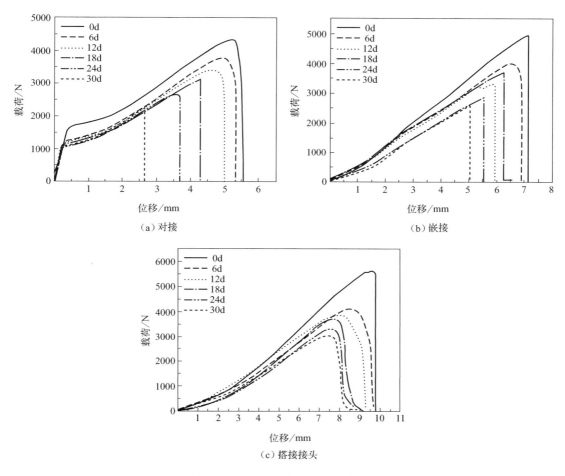

图 2.10　高温高湿老化后的载荷-位移曲线

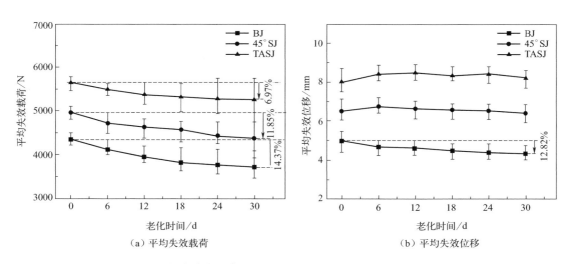

图 2.11　粘接接头在高温老化后的平均失效载荷和平均失效位移

接接头的平均破坏载荷降低了 43.6%。老化 6d 后下降明显，平均失效载荷下降 21.2%，与对接接头的平均失效载荷变化趋势一致。高温高湿老化 6d 后，由于聚合物链断裂次数最多、速度最快、交联密度下降最快，接头的平均失效载荷明显降低。老化 30d 后，搭接接头的平均失效载荷下降了 42.3%，下降幅度略小于对接和嵌接接头。老化 30d 后，对接和搭接接头的平均失效位移分别下降了 30.1% 和 21.3%，而嵌接接头的平均失效位移下降了 33.4%，下降幅度最明显。

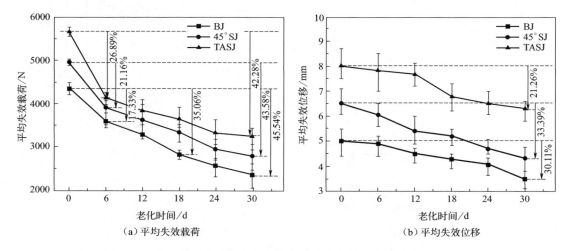

（a）平均失效载荷　　　　　　　　　（b）平均失效位移

图 2.12　粘接接头在高温高湿老化后的平均失效载荷和平均失效位移

上述分析表明，与高温老化相比，高温高湿老化 30d 后接头的平均失效载荷明显降低，失效载荷下降幅度均在 40% 以上，而高温老化后的最大下降幅度不超过 15%。此外，高温高湿老化后，接头的失效位移变化显著，下降幅度均超过 20%，说明老化后粘接剂的韧性下降，而高温老化后接头的失效位移变化不大。以上研究结果表明，在高温高湿环境下，接头的失效载荷和位移明显减小，造成这种现象的原因是湿热老化后聚合物链断裂，硬段分解，导致侧链发生断裂。在失效过程中，内应力的存在会使胶层中出现微观裂纹。这些裂纹使水渗透到胶层的内部，促进裂纹的进一步膨胀和聚合物的水解（这一结论也被失效断面分析所证实），最终导致粘接接头加速老化，致使粘接结构承载性能衰减。

为了研究高温老化和高温高湿老化后粘接接头的耐久性，分析比较了对接、嵌接和搭接接头在 0（未老化）、6、12、18、24 和 30d 老化后的失效强度值。通过对粘接区域的失效载荷进行评定，计算得到粘接接头的失效强度。为了更清楚地显示老化对粘接接头平均失效强度的影响，有必要用指数函数拟合失效强度和老化时间的变化曲线。老化后平均失效强度的拟合函数方程和拟合优度（R^2）见表 2.4，拟合曲线如图 2.13 所示。

表 2.4　拟合参数和指数函数的 R^2 值

老化环境	接头类型	拟合函数公式	R^2
GW	TASJ	$y = 8.35 + 0.69e^{-0.08x}$	0.99
	45°SJ	$y = 6.69 + 1.22e^{-0.044x}$	0.96
	BJ	$y = 5.79 + 1.18e^{-0.066x}$	0.99
GWGS	TASJ	$y = 5.31 + 3.68e^{-0.15x}$	0.97
	45°SJ	$y = 4.16 + 3.69e^{-0.074x}$	0.97
	BJ	$y = 2.89 + 4.02e^{-0.049x}$	0.99

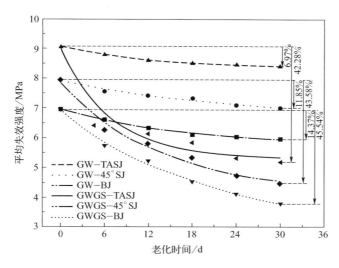

图 2.13　粘接接头的平均失效强度与老化时间的关系曲线

从图中可以发现，平均失效强度随老化时间的增加而降低，但下降的幅度取决于粘接接头的类型。高温高湿老化后，粘接接头的失效强度明显下降，其下降程度受应力状态的影响较大。随着正应力比例的增加，接头的失效强度值降低，因此减小粘接结构中正应力的比例可以提高复杂应力状态下的失效强度。指数函数对老化后平均失效强度的变化曲线有较好的拟合效果，拟合优度 R^2 均大于 0.96。通过函数表达式可以得到老化阶段中接头的失效强度值，并可以预测高温老化和高温高湿老化后粘接结构的失效强度值。

2.4.4　失效断面及失效机理分析

通过对粘接接头的典型失效断面进行分析，研究了高温老化后的接头失效断面形貌变化趋势，分析其失效机理。不同老化周期时的对接、嵌接和搭接接头的代表性失效断面如图 2.14 所示。

由图 2.14 可以发现，未老化接头和老化后的接头均出现内聚破坏。对接接头明显的特征是失效断面有许多孔洞。由于弹性粘接剂的弹性模量和黏弹性能处于中间水平，容易出现气蚀现象，气蚀一直被认为是引发胶层失效的主要机制。气蚀，即在施加拉应力作用下，粘接层内孔洞的扩展，从初始缺陷开始。如果这些缺陷足够大，它们就会在脱粘过程中同时生长。孔洞的增长通常是由于软胶膜的限制而由施加的拉伸静水应力作用的结果。在拉伸过程中，橡胶层内部的孔洞更容易引起断裂，从而容易降低接头强度。同时，孔洞的形成更容易使粘接层出现裂缝，加速了水分的扩散，导致接头的抗拉强度降低。随着老化时间的延长，粘接接头断面上的孔洞体积增大。高温老化后，对接接头的气泡主要集中在断面的中心区域，而边缘几乎没有气泡，这种现象可以解释为边界区域存在剪应力，不利于气蚀。

由图 2.14 还可以发现，嵌接和搭接接头的断裂表面没有气泡，这是因为嵌接接头处于剪应力和正应力的复合状态，而搭接接头主要处于剪应力状态。嵌接和搭接接头内部存在剪应力，剪应力作用下不利于气蚀。随着老化时间的增加，搭接接头的断面变得更加不平坦，表面的褶皱更加明显。由于嵌接接头处于混合应力状态，接头产生了光滑的断裂面。老化初期，断面上几乎没有褶皱和较宽的裂纹，但随着老化时间的延长，断面上的裂纹越来越明显。

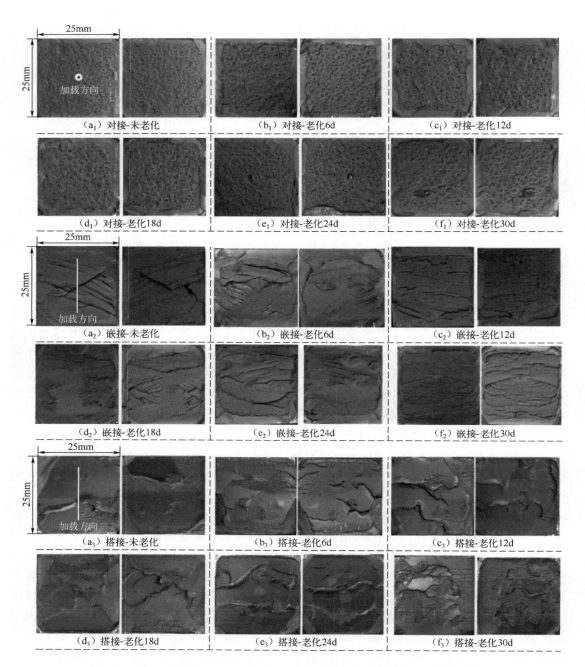

图 2.14　高温条件下不同老化周期的对接、嵌接和搭接接头的典型失效断面

　　通过对高温高湿老化后的粘接接头的典型失效断面进行分析，得到不同老化周期时的对接、嵌接和搭接接头的典型失效断面如图 2.15 所示，研究在高温高湿老化过程中的失效断面形貌变化规律，分析其失效机理。虽然在所有未老化的接头中都观察到内聚破坏，但老化后会出现混合破坏。由图 2.15(a₁)～(f₁) 发现，最初对接接头的断裂表面为内聚破坏，随着老化时间的增加，断裂表面开始从内聚破坏转变为混合破坏，出现了小面积的界面破坏。老化 18d 后，断裂表面变化更为明显，出现大面积的界面破坏，对应于平均失效载荷的显著降低。老化 24d 后，断面出现多处裂纹，粘接基材的那面有少量胶残留。老化 30d 后，粘接

面的界面失效更为严重，断面更光滑，说明水分对粘接面的侵入更为显著。

上述分析表明，对接接头的破坏模式由内聚破坏转变为混合破坏，界面破坏可能是由水分湿气的侵入或残余应力引起的界面退化导致的。由图 2.15(b_1) 和（c_1）可知，界面失效（边框标记处）主要发生在粘接区域的边缘，因为水分和温度导致的界面退化是从边缘开始的，然后水分向中心侵入。

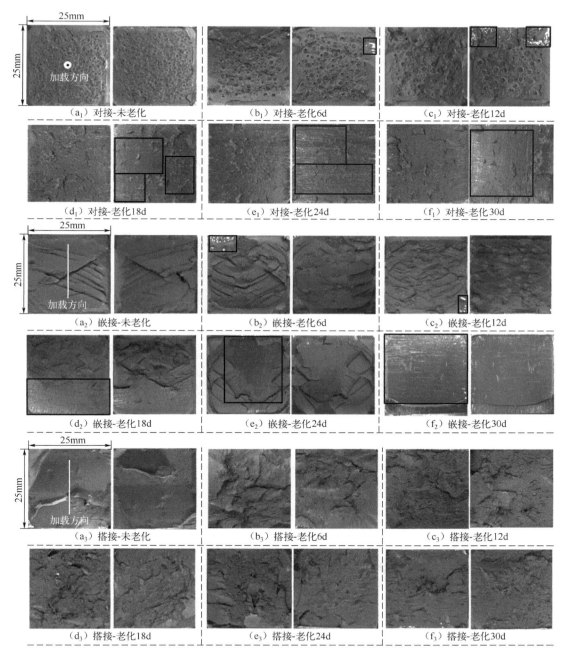

图 2.15　高温高湿条件下不同老化周期的对接、嵌接和搭接接头的典型失效断面

由图 2.15 还可以发现，嵌接接头失效断面的变化与对接接头相似。在 0～12d 的老化过程中，内聚失效是主要的失效形式。随着老化时间的延长，断面上的裂纹更加明显，并且由

于水分的侵入，粘接区域的边缘出现了微小的界面失效。但老化18d后，断面开始由内聚失效转变为混合失效，出现明显的界面破坏，平均失效载荷的下降幅度更为明显。随着老化时间的延长，界面破坏的比例增加。然而，与对接和嵌接接头相比，搭接接头的主要失效模式始终为内聚失效。老化初期，接头断面比较光滑，随着老化时间的延长，断面变得更加粗

图 2.16　扫描电镜

糙。在老化过程中，由于内应力的存在，导致胶层产生了微裂纹。这些裂纹允许水渗透到胶层内部，促进裂纹的进一步扩展和聚合物的水解，加速了接头老化。

从宏观角度来看，控制粘接层损伤的机理尚不清楚。为了弥补这一不足，证实老化后粘接接头断裂表面的失效机理，采用 SEM 对高温和高温高湿老化30d后的接头失效断裂表面进行微观分析，扫描电镜如图 2.16 所示。图 2.17 显示了对接、嵌接和搭接接头（未老化和老化30d后）断裂表面的 SEM（100×）显微图。

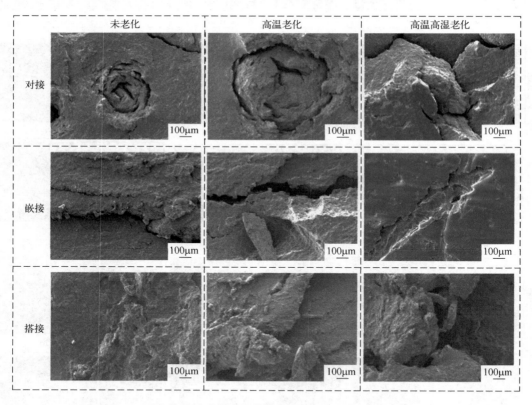

图 2.17　老化前后对接、嵌接和搭接接头失效断面的 SEM 图

由图 2.17 发现，未老化的对接接头断裂表面光滑，裂纹较少，但有一些孔洞，这是由拉伸静水应力和吸湿固化过程中 CO_2 的释放所致，高温老化后断面的孔洞尺寸明显增大。但高温高湿老化后，断面上的孔洞消失，出现明显的裂纹，说明水分对断面的侵入更为明显，导致裂纹的形成和明显的界面破坏。未老化的嵌接接头断面无明显裂纹，表面较光滑。高温老化后，断面出现大量裂纹，且裂纹较宽。而高温高湿老化后，断面形貌发生明显变

化，表面更加光滑，老化 30d 后接头出现明显的界面破坏。未老化的搭接接头断面光滑，仅有轻微凸起，几乎没有裂纹。高温老化后，断面的凸起变明显，而高温高湿老化后断面凸起更加严重。

上述结果表明，高温老化加速了粘接剂的降解，在高温环境下，湿度对粘接剂的影响更为明显，不仅加速了粘接剂的降解和性能退化，而且加速了胶层中水分的侵入，导致失效断面中出现明显的裂纹和凸起。

2.4.5 失效准则的建立

高速列车粘接结构由于结构和加载条件的复杂性，往往处于复杂的应力状态下，常受正应力和剪应力的共同影响。利用有限元方法，可以确定粘接结构在各种载荷作用下的复杂应力。因此，建立适用于工程实际的失效准则，对粘接结构的失效预测具有重要意义。通过拟合三种应力状态接头的正应力和剪应力值，得到接头的失效准则。正应力和剪应力的计算方法见 2.2.3 节中的式(2.1) 和式(2.2)。二次应力准则通常用于确定在混合模式载荷作用下粘接接头的损伤起始应力，应力失效准则的表达式如下：

$$\left(\frac{\tau}{S}\right)^q + \left(\frac{\sigma}{N}\right)^q = 1 \tag{2.3}$$

式中，σ 和 τ 分别代表胶层的正应力和剪应力；N 和 S 分别代表模式 I（拉伸）和模式 II（剪切）的失效强度；q 是两个模式之间的相互作用。当 $q=2$ 时，式(2.4) 为二次应力准则（椭球函数），二次应力准则常被用作复合加载下粘接单元的破坏准则。

$$\left(\frac{\tau}{S}\right)^2 + \left(\frac{\sigma}{N}\right)^2 = 1 \tag{2.4}$$

本节研究了粘接剂在不同湿热老化时间后的应力变化规律。根据图 2.4，对接、嵌接和搭接接头的角度分别为 90°、45° 和 0°。分别用式(2.1) 和式(2.2) 计算模式 I 和模式 II 的失效强度值。虽然建立二次应力准则只需要对接和搭接接头的正应力和剪应力，但嵌接接头的正/剪组合应力状态有助于提高拟合精度。相同老化周期后，对接、嵌接和搭接接头中的正应力和剪应力分散，在以剪应力为横坐标、正应力为纵坐标的坐标系中形成应力准则包络线，如图 2.18 所示。当正应力和剪应力的组合状态在该包络线外时，意味粘接结构会发生

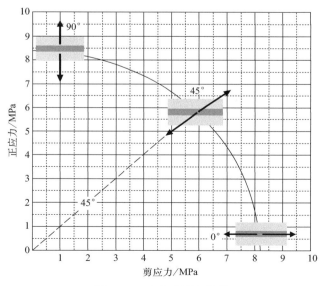

图 2.18　应力准则包络线

破坏，而包络线内的任何组合应力都意味着粘接结构不会失效。

为了得到高温和高温高湿不同老化周期后接头的失效准则，利用 MATLAB 采用公式 (2.4) 对各数据点进行拟合，形成相应的应力准则包络线。拟合曲线清晰地反映了正应力与剪应力之间的关系。计算 R^2 值比较拟合精度，拟合曲线、拟合公式和 R^2 值如图 2.19 所示。经过高温老化 0 （未老化）、6、12、18、24 和 30d 的接头，R^2 值分别为 0.997、

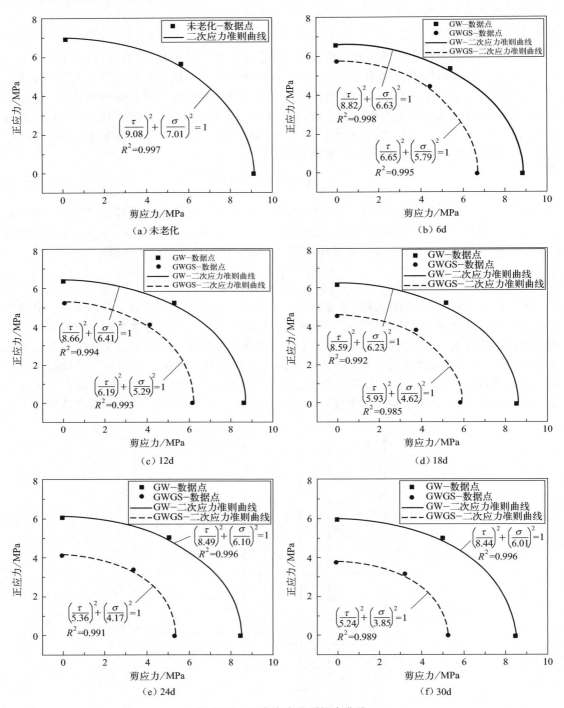

图 2.19　二次应力准则拟合曲线

0.998、0.994、0.992、0.996 和 0.996，均大于 0.99。然而，高温高湿老化的 R^2 值低于高温老化，0（未老化）、6、12、18、24 和 30d 的 R^2 值分别为 0.997、0.995、0.993、0.985、0.991 和 0.989，其中老化 18d 和 30d 的 R^2 值小于 0.99。结果表明，二次应力准则具有良好的拟合效果。因此，可选择二次应力准则作为粘接接头湿热老化的失效准则。

为了评估粘接结构在高速列车应用中的耐久性，需要在 0～30d 内建立失效准则与老化时间之间的关系。基于以上对 0（未老化）、6、12、18、24 和 30d 老化后的失效准则的分析，均符合二次应力准则，假设 30d 内的任何老化时间的失效准则都符合二次应力准则。从图 2.19 中提取模式Ⅰ和模式Ⅱ中的失效强度值，并通过拟合得到失效强度与老化周期的函数关系，选择二次多项式和指数函数进行拟合，得到拟合曲线如图 2.20 所示。发现，指数函数曲线的拟合精度较高，因此，可采用指数函数拟合，通过拟合得到模式Ⅰ和模式Ⅱ的失效强度与老化周期之间的函数关系。高温老化的函数式如式（2.5）所示，而高温高湿老化的函数式如式（2.6）所示。该失效准则可应用于高速列车粘接结构的有限元分析中，从而实现相应粘接结构的耐久性评估。

$$\left(\frac{\sigma}{5.79+1.21\times e^{-0.058T}}\right)^2+\left(\frac{\tau}{8.37+7.05\times 10^{-1}\times e^{-0.071T}}\right)^2=1 \quad (2.5)$$

$$\left(\frac{\sigma}{2.91+4.05\times e^{-0.048T}}\right)^2+\left(\frac{\tau}{5.36+3.66\times e^{-0.15T}}\right)^2=1 \quad (2.6)$$

式中，T 表示 0～30d 之间的老化持续时间，d。

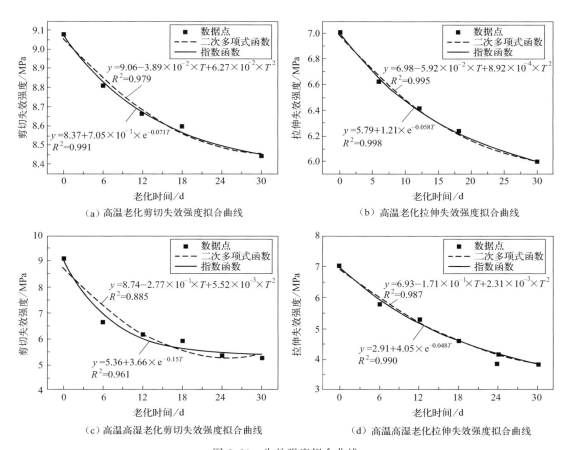

（a）高温老化剪切失效强度拟合曲线　　（b）高温老化拉伸失效强度拟合曲线

（c）高温高湿老化剪切失效强度拟合曲线　　（d）高温高湿老化拉伸失效强度拟合曲线

图 2.20　失效强度拟合曲线

2.5 本章小结

根据高速列车服役环境特点并参考标准，选择两种典型的湿热老化环境，分别取高温（80℃）和高温高湿（80℃/95％RH）环境，对粘接接头进行不同老化周期的加速老化试验。用FTIR对老化前后的粘接剂进行分析，并利用改进的Arcan装置，对老化后的粘接接头进行复杂应力状态下的力学性能测试。通过宏观观察和SEM分析失效形式，讨论失效机理，建立适用于粘接结构的二次应力失效准则。基于这些结果，得出以下结论：

（1）与高温老化相比，高温高湿老化对粘接接头力学性能的影响更大。老化不会改变粘接接头的载荷-位移曲线的变化趋势，但是明显减小了失效载荷和位移，其影响程度也与接头的应力状态有关。随着正应力比例的增加，失效强度逐渐降低。在工程中尽量增加粘接结构的剪应力比例，以提高在复杂应力状态下的失效强度。

（2）高温条件下，高浓度湿气明显加速了接头力学性能的退化，老化30d后，对接接头的失效强度下降了45.5％，其次是嵌接接头和搭接接头，分别下降了43.6％和42.3％。由此说明老化对对接接头影响最大，粘接结构中正应力的比例过大时，结构的安全性较低，因此需要增加粘接结构中剪应力的占比。

（3）高温老化后接头的主要失效形式为内聚破坏，然而高温高湿老化后接头失效断面发生了显著变化，尤其是对接和嵌接接头。SEM分析表明，随着老化时间的增加，断面上的裂纹和孔洞数量增加。其原因可能是聚合物链断裂和存在内应力，内应力的存在使胶层中产生微裂纹，水很容易通过微裂纹渗入胶层内部，从而促进裂纹的进一步扩展和聚合物的水解。

（4）在湿热耦合老化作用下，粘接接头的失效强度均符合二次应力失效准则，建立了一个反映二次应力准则与老化周期关系的曲面方程。该失效准则可应用于高速列车粘接结构的有限元分析中，从而实现相应粘接结构的耐久性评估。

第3章

服役温度对湿热老化后接头
力学性能的影响

3.1 引言

高速列车粘接结构服役过程中不仅所受应力状态复杂，而且服役温度变化范围大（−40～80℃）。粘接剂温度敏感性使粘接结构的力学性能和失效模式随温度不同而变化，室温下的强度设计不能满足列车粘接结构全服役温度区间的使用需求。高速列车在运行过程中，粘接结构需要在全服役温度区间内提供足够的强度，同时粘接结构容易受到温度和湿度等环境因素的综合作用，粘接剂在长期温度和湿度作用下会发生老化，其化学成分也会发生改变，环境中的温度和湿度是引起材料老化的主要因素。因此，需要对不同老化系数的粘接接头进行不同温度下的静力学试验，通过研究在服役温度区间内不同老化系数接头的力学性能和失效模式，分析温度对老化后粘接接头的作用机制。研究需要考虑老化的影响，建立老化后服役温度区间的粘接结构失效模型，为满足粘接结构在全服役温度区间的设计提供参考和依据。

本章主要研究服役温度对老化后粘接结构的力学性能和失效模式的影响，分析不同服役温度条件和老化系数下的失效准则和失效机理。该研究首先选取高温高湿（80℃/95％RH）环境对粘接接头进行加速老化试验，老化周期分别为0、6、12、18、24和30d，并对不同老化周期的接头进行不同温度（−40℃、20℃和80℃）下的力学性能测试。利用改进的Arcan夹具实现不同应力状态的加载，以对接接头、45°嵌接接头和搭接接头为研究对象。通过复杂应力状态静载作用下的力学性能测试，研究加载拉伸、剪切和拉/剪混合应力状态时对粘接接头强度的影响，分析力学性能的变化。通过粘接接头的断面分析研究其失效模式，并用SEM分析微观断裂机理。最后，建立表征不同老化系数的粘接结构在服役温度下的失效模型，得到粘接结构失效强度与老化周期、温度相关的失效准则，可用于不同老化系数和温度下的强度校核。

3.2 材料的选择与接头制作

3.2.1 哑铃试件的制作

环境温度的变化对粘接剂的力学性能参数影响较大，为了定量分析温度对 Sikaflex®-265 粘接剂力学性能的影响，根据标准 GB/T 528—2009，设计了成型模具和哑铃试件（如图 3.1 所示）。为了能够加工出标准的哑铃试件，采用模压法进行制备，设计成型模具，并将与粘接剂接触的模具表面涂上一层特氟龙不粘胶（良好的粘接脱模剂），这有利于脱模和提高成型质量。成型模具主要分三部分：①底座，用于支撑整个模具，并在四周设置有螺纹孔，方便连接；②母模，用于成型和固化的粘接剂；③压板，通过螺栓与底座配合连接，提供压力，保证哑铃试件厚度方向的尺寸及表面光洁度。哑铃试件在 25℃±5℃，湿度 50%±5% 下进行制备和固化，固化 10d 后，将哑铃标本从母模中取出，再固化 20d，使哑铃试件得到充分固化。

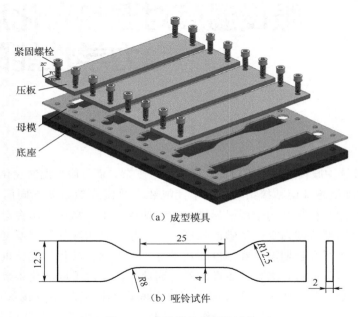

（a）成型模具

（b）哑铃试件

图 3.1　成型模具和哑铃试件

3.2.2 粘接接头制作

本章所采用的粘接剂为单组分聚氨酯粘接剂 Sikaflex®-265，铝合金为 6005A 型，粘接接头的尺寸与制作过程与第 2 章相同。

3.3 试验装置与测试方法

3.3.1 哑铃试件的准静态测试

参考车辆实际服役温度特点，针对车身服役环境中的温度区间范围（−40~80℃），选取典型温度条件，分别选取 −40℃、−10℃、20℃、50℃ 和 80℃ 五个等间隔温度点。将粘接接头按照各组温度条件放置在环境试验箱中维持 4h 使胶层温度充分均匀。将哑铃试件取出后立刻加载到电子万能试验机上，在不同温度下对粘接剂哑铃试件进行准静态拉伸测试。以 5mm/min 的恒定速度测试粘接接头直至破坏，记录接头的失效载荷和失效位移。测试所需的温度由高低温环境箱提供，其能够通过电阻丝加热提供高温环境，由液氮降温实现低温环境，通过温度控制器准确控制温度变化。

为了准确测试在拉伸过程中哑铃试件的应变，采用非接触式全场应变测量系统（VIC-3D，Correlated Solutions，Inc.）进行测量，如图 3.2 所示。该系统采用基于三维数字图像相关技术进行全场的位移和应变测量，支持 0.8～7mm 的视场（FOV），应变测量范围从 0.005％～2000％，通过追踪被测样品表面散斑变化，并采用优化的 DIC 运算法则进行分析，能够提供试验过程中二维、三维空间内全视野的形貌、位移及应变数据，在机械和材料等领域得到广泛应用。测试流程如下：哑铃试件被固定在万能试验机上，测试长度设定为 20mm，随后安装两台 CCD 相机并进行校准。通过对拉伸试验中采集的图像进行分析，得到试件的应变。每次测试重复 4 次，保证数据的有效性，取平均值作为最终结果。

图 3.2　VIC-3D 测量系统

3.3.2　服役温度下的力学性能测试

在第 2 章中发现高温高湿（80℃/95％RH）老化对接头力学性能影响明显，为探讨服役温度对湿热老化后粘接接头力学性能的影响，更进一步对高温高湿老化后的接头进行不同温度（−40℃、20℃和 80℃）下的静力学测试。本章根据高速列车服役环境中的极端环境条件，参考标准《轨道车辆与轨道车辆部件的粘接》（DIN6701-2：2015-12），首先选取高温高湿（80℃/95％RH）环境进行加速老化试验测试，分析湿热老化环境对接头力学性能的影响，老化周期分别为 0、6、12、18、24 和 30d，加速老化试验在 WSHW-080BF 湿热环境箱（浙江嘉兴，韦斯实验设备）中进行。然后在不同温度下对高温高湿老化后接头进行力学性能测试，将老化后的接头放置在高低温环境箱中，设置特定的温度后静置 4h，等待接头内部温度充分混合均匀。最后，使用电子万能试验机（WDW 系列，长春科新公司，如图 3.3 所示），配合高低温环境箱，进行准静态力学测试。通过 Arcan 装置，对老化后的粘接接头进行准静态加载测试。为了消除非轴向力，粘接接头两端通过类万向节结构连接到试验机，以 5mm/min 的恒定速率测试接头直至断裂，得到每个接头的载荷-位移曲线。对比分析粘接接头的失效载荷和失效强度的变化规律，讨论失效断面的宏观和微观形貌，分析失效机理，每种试验工况重复 4 次。

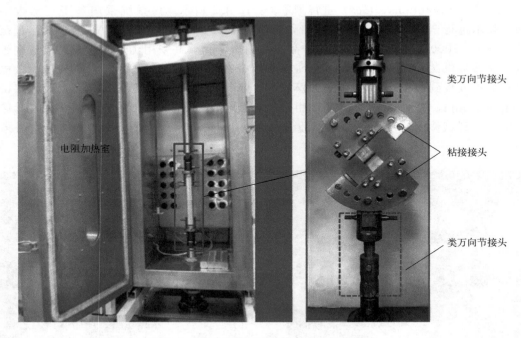

图 3.3　不同温度下的准静态力学性能测试

3.4　试验结果与分析

3.4.1　哑铃试件测试分析

　　将电子万能试验机测得的应力-时间曲线与 VIC-3D 系统测得的应变-时间曲线相结合，得到哑铃试件的应力-应变曲线。通过对每个温度下测得的试验数据取平均值，得到 -40℃、-10℃、20℃、50℃ 和 80℃ 温度下的应力-应变曲线，粘接剂的应力-应变曲线如图 3.4 所

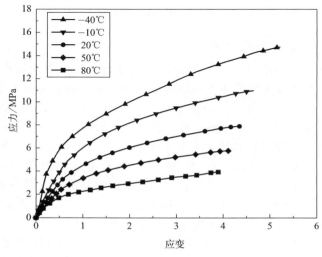

图 3.4　应力-应变曲线

示。通过应力-应变曲线可以直接得到哑铃试件的失效强度和失效应变，并根据曲线初始阶段正切值计算杨氏模量。由图可看出，随着温度的升高，粘接剂的失效强度、失效应变和杨氏模量逐渐降低，力学性能的变化幅度与温度有很大的关系。

为了进一步分析粘接剂的力学性能随温度的变化规律，可对力学性能标准化处理后进行分析，即将不同温度下的力学性能除以 20℃ 时的力学性能，得到标准化后的力学性能。如图 3.5 所示，在不同温度下，粘接剂的失效强度和杨氏模量变化明显。与 −40℃ 相比，粘接剂的失效强度在 −10℃、20℃、50℃ 和 80℃ 条件下分别下降了 25.5%、46.7%、60.8% 和 73.3%；与 −40℃ 相比，粘接剂的杨氏模量在 −10℃、20℃、50℃ 和 80℃ 条件下分别下降了 36.6%、63.1%、72.4% 和 77.7%。

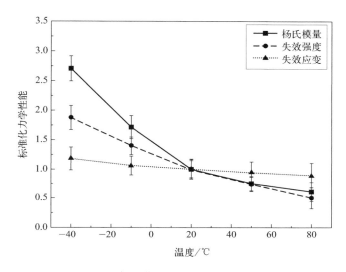

图 3.5　标准化后的哑铃试件力学性能

以上研究发现，随着温度升高，失效强度和杨氏模量的下降幅度逐渐减小，这是因为粘接剂的 T_g 为 −66℃，越接近粘接剂的玻璃化转变温度，粘接剂的性能变化越明显。此外，粘接剂的失效应变随温度的升高而下降，但是下降幅度较小，相比 −40℃，80℃ 时下降了 24.6%。一般情况下，随温度升高，粘接剂由玻璃态向高弹态转变，粘接剂的韧性和延伸率增加导致失效应变上升。然而，粘接剂在不同温度下失效应变的变化情况，是由失效强度和延伸率共同决定的。与 −40℃ 相比，80℃ 时粘接接头失效强度下降幅度为 73.3%，下降明显。从低温开始升温时，粘接剂延展性变化明显，随温度升高延展性变化幅度减小，而失效强度变化幅度更大，粘接剂在未达到大变形时就发生断裂，导致随温度升高接头的失效应变减小，这与 Banea 等对室温硫化硅粘接剂进行的研究发现一致。

3.4.2　失效载荷分析

对湿热老化后的粘接接头在三种温度（ −40℃、20℃ 和 80℃ ）下进行准静态力学性能测试，将得到的力学性能数据进行统计处理来分析对接接头、嵌接接头和搭接接头的平均失效载荷变化规律，如图 3.6～图 3.8 所示。由图发现，接头的平均失效载荷随着老化时间的增加而逐渐降低，并且在不同温度和不同应力状态下失效载荷的变化幅度存在明显差异。

对接接头的平均失效载荷变化规律如图 3.6 所示。在高温条件时，相比未老化，在湿热

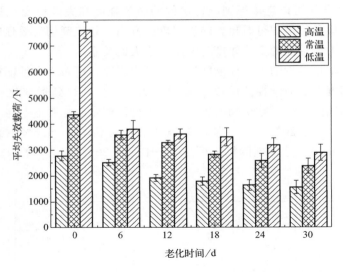

图 3.6　湿热老化后不同温度下的对接接头平均失效载荷

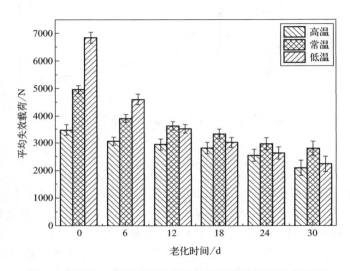

图 3.7　湿热老化后不同温度下的嵌接接头平均失效载荷

老化 6、12、18、24 和 30d 后，失效载荷分别下降了 9.6％、31.1％、35.7％、41.6％和 44.4％；在常温条件时，相比未老化，在湿热老化 6、12、18、24 和 30d 后，失效载荷分别下降了 17.4％、24.7％、35.1％、40.8％和 45.6％；在低温条件时，相比未老化，在湿热老化 6、12、18、24 和 30d 后，失效载荷分别下降了 52.7％、56.9％、62.8％、66.1％和 68.8％。发现，在刚开始阶段接头的失效载荷下降明显，随着老化时间增加，下降速率逐渐减小。在老化 6d 时失效载荷下降明显，这是因为低温下老化 6d 后失效断面发生明显的界面失效，失效载荷变化明显。在湿热老化后，低温时的失效载荷下降幅度最大，而高温时下降幅度最小，这说明湿热老化后的低温力学性能下降最明显。并且低温时的数据离散度增大，说明低温时的数据一致性较差。

嵌接接头的平均失效载荷变化规律如图 3.7 所示。在高温条件时，相比未老化，在湿热老化 6、12、18、24 和 30d 后，失效载荷分别下降了 11.7％、15.2％、19.1％、26.8％和

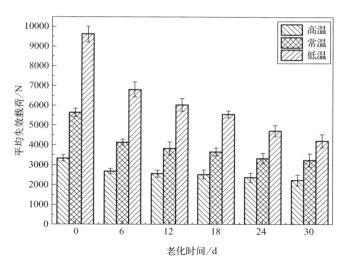

图 3.8 湿热老化后不同温度下的搭接接头平均失效载荷

39.5%；在常温条件时，相比未老化，在湿热老化 6、12、18、24 和 30d 后，失效载荷分别下降了 21.2%、26.9%、32.9%、40.4% 和 43.6%；在低温条件时，相比未老化，在湿热老化 6、12、18、24 和 30d 后，失效载荷分别下降了 32.7%、48.5%、56.0%、61.7% 和 67.5%。在老化 6d 后失效载荷下降明显，是因为低温下老化 6d 后失效断面发生明显的界面失效，随着老化时间增加失效载荷下降速率减小。

搭接接头的平均失效载荷变化规律如图 3.8 所示。在高温条件时，相比未老化，在湿热老化 6、12、18、24 和 30d 后，失效载荷分别下降了 19.5%、22.9%、24.6%、28.7% 和 33.0%；在常温条件时，相比未老化，在湿热老化 6、12、18、24 和 30d 后，失效载荷分别下降了 26.9%、32.1%、35.4%、41.2% 和 42.5%；在低温条件时，相比未老化，在湿热老化 6、12、18、24 和 30d 后，失效载荷分别下降了 29.3%、37.3%、42.3%、50.9% 和 56.2%。随着老化时间增加，失效载荷下降速率逐渐减小。在湿热老化后，低温时的失效载荷下降幅度最大，而高温时下降幅度最小。

上述研究发现，湿热老化后的粘接接头失效载荷受应力状态和温度影响明显，随着老化时间增加，失效载荷下降速率逐渐减小。对比湿热老化后在三种温度下测试得到的失效载荷，三种粘接接头中对接接头失效载荷下降最明显，而搭接接头下降幅度最小，说明对接接头对温度反应最敏感，随着接头内部正应力比例的增加，失效载荷下降幅度逐渐增大。

同时对比湿热老化后对三种类型的接头测试得到的失效载荷，低温下失效载荷下降最明显，而高温时下降幅度最小，这与接头在不同温度下测试时的失效形式密切相关，下面会进行讨论分析。

3.4.3　失效强度衰减预测

考虑服役温度对老化后粘接结构的影响，需要分析粘接接头失效强度对老化周期的变化规律，进一步建立湿热老化后粘接接头在不同温度下老化系数随时间变化的失效强度预测模型。为了获得接头平均失效强度随老化时间的变化规律，根据接头失效强度变化趋势，使用指数函数对数据进行拟合处理，并获得三种类型粘接接头的拟合曲线，如图 3.9～图 3.11 所示。我们可以明显看出，失效强度随着老化时间延长逐渐降低，并且随着测试温度的增

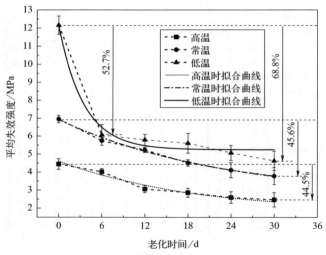

图 3.9　对接接头平均失效强度拟合曲线

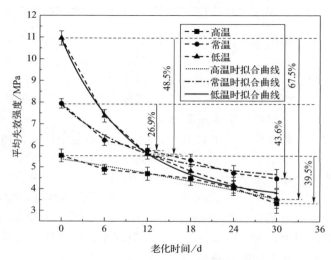

图 3.10　嵌接接头平均失效强度拟合曲线

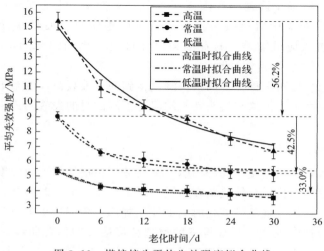

图 3.11　搭接接头平均失效强度拟合曲线

加，失效强度下降幅度逐渐减小。同时还发现，随着粘接接头中正应力比例的升高，失效强度下降幅度逐渐增大。拟合曲线的函数表达式如表 3.1 所示，从表中发现拟合精度 R^2 均在 0.90 以上，说明指数函数可以获得非常满意的拟合精度。从总体趋势上看，常温时的拟合效果更好，这说明接头失效强度的离散性小，数据一致性更好，而低温时相对较差。

表 3.1　拟合函数公式和拟合精度 R^2

加载条件	测试温度/℃	函数表达式	R^2
对接	80	$y=1.82+2.79e^{-0.055x}$	0.90
	20	$y=2.61+4.32e^{-0.044x}$	0.99
	−40	$y=5.25+6.88e^{-0.28x}$	0.96
嵌接	80	$y=9.97-4.59e^{-0.011x}$	0.90
	20	$y=4.42+3.47e^{-0.087x}$	0.97
	−40	$y=3.52+7.39e^{-0.10x}$	0.99
搭接	80	$y=3.81+1.52e^{-0.17x}$	0.96
	20	$y=5.48+3.54e^{-0.18x}$	0.97
	−40	$y=6.18+8.81e^{-0.073x}$	0.94

3.4.4　失效断面及失效机理分析

高速列车运行过程中，车体粘接结构处于复杂应力状态中，并且粘接结构失效形式复杂，包括粘接剂内聚失效、粘接剂与母材界面失效以及混合失效等多种失效模式。另外，粘接剂老化和服役温度不仅会影响粘接结构强度，而且直接影响粘接结构在复杂应力状态下的失效模式。粘接结构服役过程中，胶层和基材产生微小裂纹，随着微小裂纹的演化和扩展形成宏观裂纹直至破裂失效，因此需要建立准确表征不同老化周期的粘接结构在不同温度下的失效模型，分析不同老化和温度耦合下的粘接接头裂纹演化行为，并揭示其失效机理。

通过分析粘接接头的失效断面，得到湿热老化后的对接、嵌接和搭接接头在不同温度条件下的典型失效断面，如图 3.12～图 3.14 所示，揭示了接头在湿热老化过程中的失效机理。

对不同老化周期的对接接头在不同温度下进行测试，得到失效断面如图 3.12 所示。由图可以发现，在高温测试时，失效断面主要发生内聚失效，在老化 30d 时有小区域的界面失效；常温时，随着老化时间增加，失效断面开始从内聚失效转变为混合失效，30d 时几乎为界面失效。然而，在低温时，失效断面变化特别明显，仅仅在老化 6d 后，低温下的失效断面就变为了界面失效，与低温未老化接头相比，老化 6d 时的失效强度下降明显。进一步发现，在同一温度作用时，随着老化时间的增加，失效断面中界面失效所占比例逐渐增大。更重要的是，随着测试温度的降低，接头的失效断面发生明显变化，更容易发生界面失效，说明在不同温度下进行测试时，粘接接头的失效机理发生了改变。

这主要是因为在高温高湿环境下，水分子很容易渗透到胶层与粘接基材的界面，导致界面粘接层发生体积膨胀，导致接头内应力的集中，在应力作用下容易出现裂纹，降低了粘接剂/粘接基材之间的界面力。在低温测试时，温度接近粘接剂的 T_g，粘接剂强度大于粘接剂/粘接基材之间的界面力，导致接头容易发生界面失效。而高温测试时，温度远大于粘接剂的 T_g，粘接剂强度明显减小，且小于粘接剂/粘接基材之间的界面力，导致接头容易发生内聚失效。

图 3.12　对接接头失效断面

高温：(a_1) 0d, (b_1) 6d, (c_1) 12d, (d_1) 18d, (e_1) 24d, (f_1) 30d;

常温：(a_2) 0d, (b_2) 6d, (c_2) 12d, (d_2) 18d, (e_2) 24d, (f_2) 30d;

低温：(a_3) 0d, (b_3) 6d, (c_3) 12d, (d_3) 18d, (e_3) 24d, (f_3) 30d

　　对不同老化周期的嵌接接头在不同温度下进行测试，得到失效断面如图 3.13 所示。由图可以发现，在高温测试时，失效断面主要发生内聚失效，在老化 30d 时有小区域的界面失效；常温时，随着老化时间增加，失效断面开始从内聚失效转变为混合失效。相比于常温，在低温时随着老化时间的增加，失效断面更容易发生界面失效，老化 24d 后失效断面完全为界面失效。发现，在同一温度时，随着老化时间的增加，失效断面中界面失效所占比例逐渐增大。随着测试温度的降低，接头的失效断面发生明显变化，更容易发生界面失效。

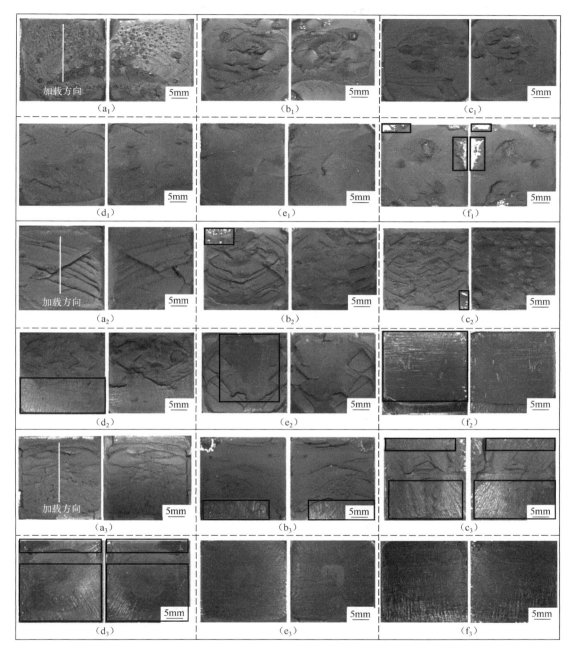

图 3.13　嵌接接头失效断面

高温：（a_1）0d，（b_1）6d，（c_1）12d，（d_1）18d，（e_1）24d，（f_1）30d；

常温：（a_2）0d，（b_2）6d，（c_2）12d，（d_2）18d，（e_2）24d，（f_2）30d；

低温：（a_3）0d，（b_3）6d，（c_3）12d，（d_3）18d，（e_3）24d，（f_3）30d

对不同老化周期的搭接接头进行不同温度下测试，得到失效断面如图 3.14 所示。由图可以发现，不同温度下的失效断面变化明显，接头的失效模式主要为内聚失效。在常温和低温下进行测试时，老化初期，失效断面较为光滑平整，随着老化时间的增加，断面变得更加粗糙，出现明显的褶皱、裂纹和凸起。而在高温下测试，失效断面没有明显的变化规律，但在老化 30d 时出现一定程度的界面失效。

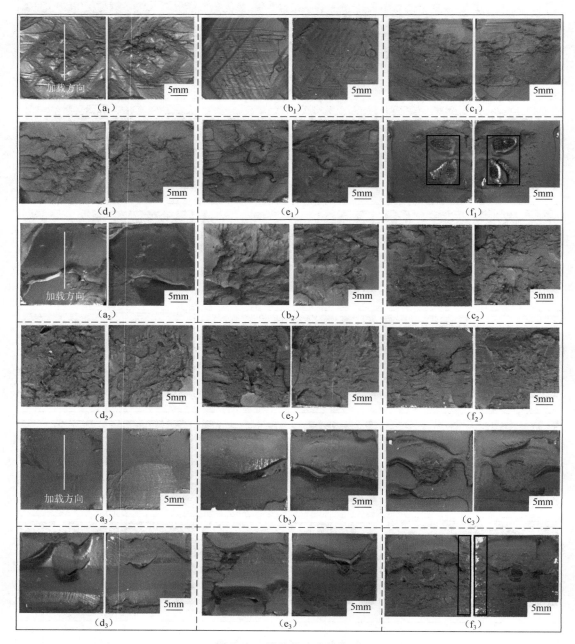

图 3.14　搭接接头失效断面

高温：(a_1) 0d，(b_1) 6d，(c_1) 12d，(d_1) 18d，(e_1) 24d，(f_1) 30d；

常温：(a_2) 0d，(b_2) 6d，(c_2) 12d，(d_2) 18d，(e_2) 24d，(f_2) 30d；

低温：(a_3) 0d，(b_3) 6d，(c_3) 12d，(d_3) 18d，(e_3) 24d，(f_3) 30d

上述分析表明，湿热环境条件有利于湿气在粘接胶层内部的扩散，失效断面形貌发生显著变化，尤其边缘区域更容易出现界面失效。同时粘接结构服役过程中，胶层和粘接基材产生微小裂纹和孔洞，随着微小裂纹和孔洞的演化与扩展形成宏观裂纹直至断裂失效。更重要的是，随着测试温度的降低，接头的失效断面发生明显变化，更容易发生界面失效，说明在不同温度下进行测试时，粘接接头的失效机理发生了改变。

为了研究老化和服役温度对复杂应力状态静载作用下的粘接结构损伤模式的影响，利用 SEM 对湿热老化后的接头在不同温度下静态测试得到的断裂形貌进行研究。图 3.15 为对接、嵌接和搭接接头（未老化和 30d 老化后）断裂表面的 SEM（100×）显微图。

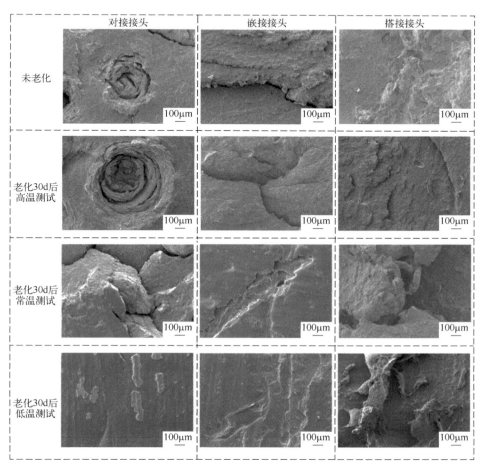

图 3.15　不同测试条件下的接头失效断面 SEM 图

由图 3.15 发现，对接接头在未老化时的失效断面光滑，有微小孔洞，裂纹较少。湿热老化 30d 后，高温测试时的接头失效断面中孔洞尺寸增大，并且裂纹现象明显；常温时的失效断面中孔洞消失，出现明显裂纹；低温时的失效断面发生完全的界面失效，微观断面光滑平整。嵌接接头在未老化时的失效断面无明显裂纹，表面较为光滑。湿热老化 30d 后，虽然高温测试时的接头失效断面中存在裂纹，但微观断面整体较为平整；常温时的失效断面发生明显变化，出现界面失效；低温时失效断面也为较明显的界面失效。搭接接头在未老化时的失效断面仅有轻微凸起，没有微小裂纹，随着测试温度的降低，失效断面的微观形貌中凸起现象越发明显。

结果表明，湿热老化后的粘接接头，在不同温度下进行静态测试时，接头的失效机理发生了明显的变化。通过失效断面微观形貌，再一次验证湿热老化后的粘接接头在不同温度下进行静态测试时，接头的失效机理发生了明显的变化。发现，高温高湿环境作用时不仅水分子容易渗透到胶层与粘接基材的界面，而且渗入到粘接剂分子间的水分子与粘接剂发生降解化学反应，粘接接头的界面失效破坏和聚氨酯粘接剂本身的水解反应是接头强度降低的主要原因。

3.5　失效准则的建立

高速列车粘接结构服役过程中不仅所受应力状态复杂，而且服役温度（−40～80℃）变化范围大，粘接剂温度敏感性使粘接结构的力学性能和失效模式随温度不同而变化，室温下的强度设计不能满足列车粘接结构全服役温度区间的使用需求。本节考虑老化的影响，建立服役温度区间的粘接结构失效预测模型，为满足粘接结构力学性能全服役温度区间设计提供依据。

通过拟合三种应力状态接头的正应力和剪应力值，得到粘接接头的失效准则，应力失效准则的表达式如下：

$$\left(\frac{\tau}{S}\right)^2 + \left(\frac{\sigma}{N}\right)^2 = 1 \tag{3.1}$$

式中，σ 和 τ 分别代表胶层的正应力和剪应力；N 和 S 分别代表模式Ⅰ（拉伸）和模式Ⅱ（剪切）的失效强度。

相同老化周期后，对接、嵌接和搭接接头中的正应力和剪应力分散，在以剪应力为横坐标、正应力为纵坐标的坐标系中形成应力准则包络线，同时根据粘接接头在不同温度下的失效应力，作全服役温度条件的应力准则包络线，如图 3.16 所示。当正应力和剪应力的组合状态在该包络线外时，意味粘接结构会发生破坏，而包络线内的任何组合应力都意味着粘接结构不会失效。

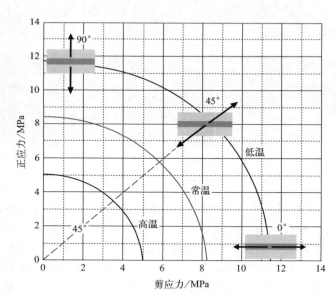

图 3.16　全服役温度下粘接接头的应力准则包络线

为了得到湿热老化后接头在不同温度下的失效准则，利用 MATLAB 对公式(3.1) 中的二次应力准则进行拟合，形成相应的应力准则包络线，其中拟合曲线清晰地反映了正应力与剪应力之间的关系，R^2 值反映了曲线的拟合精度。拟合曲线、拟合公式和 R^2 值如图 3.17所示。显然，二次应力准则具有良好的拟合效果。

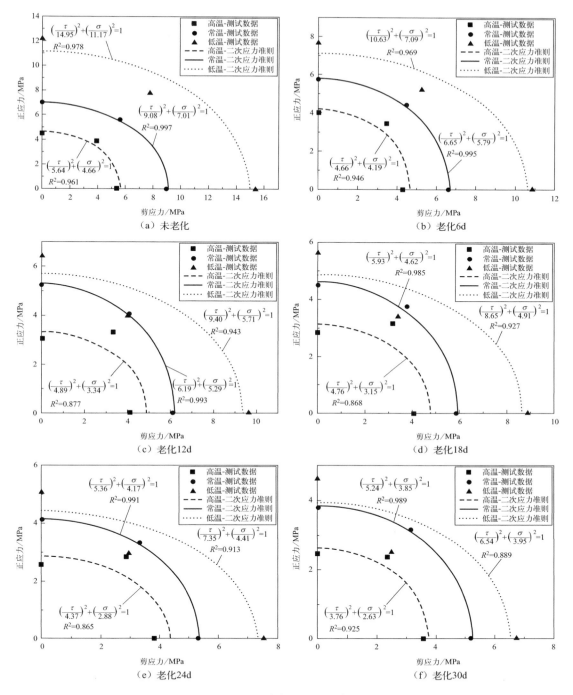

图 3.17　二次应力准则拟合曲线

　　为了在高速列车应用中对湿热老化后的粘接结构进行失效评估，需要通过拟合失效准则与老化时间之间的关系，建立不同老化周期的粘接接头在不同温度下的失效准则。基于以上对 0（未老化）、6、12、18、24 和 30d 老化后的失效准则进行分析，均符合二次应力准则，因此可以假设 30d 内任何老化时间的失效准则都符合二次应力准则。通过从图 3.17 中提取模式Ⅰ和模式Ⅱ中的失效强度，并分别选择二次多项式、三次多项式和指数函数，拟合失效强度和时间的关系，得到失效强度与时间的函数关系曲线，如图 3.18 所示。由图发现，三次多项式函数的拟合精度相对来说最好，因此选择三次多项式函数建立失效准则是更恰当的。

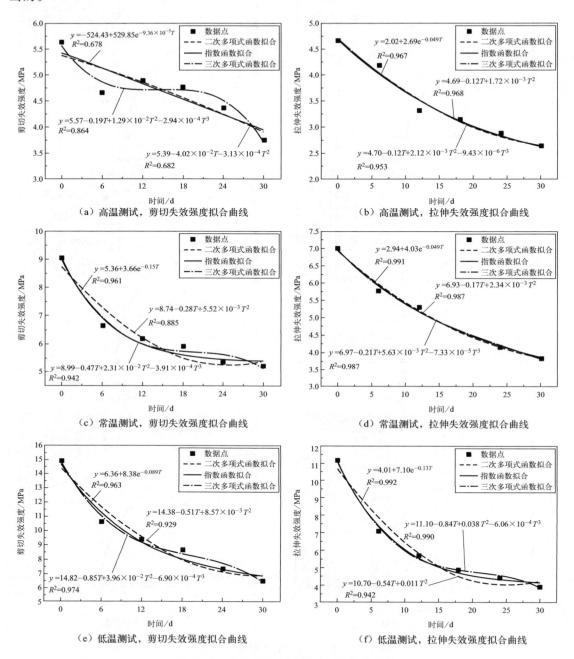

图 3.18　失效强度与时间的函数关系曲线

得到模式Ⅰ和模式Ⅱ的失效强度与老化时间之间的函数关系，分别将函数公式代入公式（3.1）中可得到湿热老化后粘接接头在不同温度测试下的失效准则。其中湿热老化后接头在高温测试时的失效准则函数式如式（3.2）所示，湿热老化后接头在常温测试时的失效准则函数式如式（3.3）所示，湿热老化后接头在低温测试时的失效准则函数式如式（3.4）所示。

$$\left(\frac{\sigma}{4.70-0.12T+2.12\times10^{-3}T^2-9.43\times10^{-6}T^3}\right)^2+$$

$$\left(\frac{\tau}{5.57-0.19T+1.29\times10^{-2}T^2-2.94\times10^{-4}T^3}\right)^2=1 \qquad (3.2)$$

$$\left(\frac{\sigma}{6.97-0.21T+5.63\times10^{-3}T^2-7.33\times10^{-5}T^3}\right)^2+$$

$$\left(\frac{\tau}{8.99-0.47T+2.31\times10^{-2}T^2-3.91\times10^{-4}T^3}\right)^2=1 \qquad (3.3)$$

$$\left(\frac{\sigma}{11.10-0.84T+0.038T^2-6.06\times10^{-4}T^3}\right)^2+$$

$$\left(\frac{\tau}{14.82-0.85T+3.96\times10^{-2}T^2-6.90\times10^{-4}T^3}\right)^2=1 \qquad (3.4)$$

其中，T 表示 0～30d 之间的老化持续时间，单位为 d。

为了更好地显示二次应力准则随老化时间的变化情况，基于式(3.2)～式(3.4)，通过MATLAB 软件建立失效准则的三维曲面，以更好地解释二次应力准则随老化周期的变化规律，如图 3.19 所示。由图发现，随着老化时间增加，二次应力准则的包络线越窄，说明粘接接头强度逐渐降低，这表明粘接结构更容易发生失效。可将失效准则引入高速列车粘接结构的有限元分析模型中，用于粘接结构在服役温度下的耐久性评估。

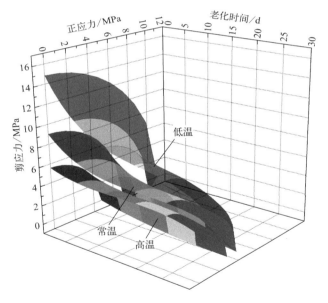

图 3.19 失效准则曲面

3.6 本章小结

本章主要分析湿热老化和服役温度对高速列车粘接结构的影响。首先测试哑铃试件在不同温度下的应力-应变曲线，分析粘接剂在服役温度下的力学性能变化。然后考虑湿热老化的影响，建立湿热老化后服役温度区间的粘接结构失效模型，分析服役温度区间内不同老化系数接头的力学性能和失效模式，通过宏观和微观失效断面形貌分析失效机理，并且建立全服役温度下的失效准则，为实现粘接结构在全服役温度区间的设计提供参考和依据。基于结果，得出以下结论。

（1）根据哑铃试件在不同温度下的应力-应变曲线，发现随着温度升高，粘接剂的失效强度、失效应变和杨氏模量逐渐下降，越接近粘接剂的 T_g 时，性能变化越明显。

（2）湿热老化后的粘接接头失效载荷受应力状态和温度影响明显，随着老化时间增加，失效载荷下降速率逐渐减小。对比湿热老化后在三种温度下测试得到的失效载荷，发现低温下失效载荷下降最明显，同时发现对接接头对温度反应最敏感，说明随着接头内部正应力比例的增加，失效载荷下降幅度逐渐增大。

（3）建立了湿热老化后粘接接头在不同温度下老化系数随时间变化的失效强度预测模型，发现指数函数可以获得非常满意的拟合精度，常温和低温时的拟合效果更好，接头失效强度的离散性小，数据一致性更好，而高温时相对较差。

（4）在不同温度下对湿热老化粘接接头进行测试时，粘接接头的失效机理发生明显变化，分析不同老化和温度耦合作用下的粘接接头失效演化行为，揭示其作用机制和失效机理。搭接接头主要为内聚失效，而对接接头容易发生界面失效，随着测试温度降低界面失效现象更显著。测试发现粘接接头的界面失效和聚氨酯粘接剂本身的水解反应是接头强度降低的主要原因。

（5）粘接接头失效强度均符合二次应力准则，对接头的二次应力准则建立了反映其与服役温度、老化周期之间关系的曲面方程，并对三维曲面函数进行可视化，可将失效准则引入高速列车粘接结构的有限元分析模型中，用于粘接结构在服役温度下的耐久性评估。

第 **4** 章

服役温度对粘接接头疲劳性能的影响

4.1 引言

高速列车粘接结构在实际服役过程中的环境温度变化幅度较大（−40～80℃），温度是非常关键的环境影响因素。同时在高速行驶中，粘接结构还受外界空气负压循环引起的交变载荷作用，引起的疲劳失效严重威胁整车安全。粘接剂为高分子材料，具有温度敏感性，在不同温度下其力学性能差异较大，造成粘接结构静、动态力学性能随温度而发生改变。在不同的温度区间内，粘接结构的疲劳特性规律会发生明显的变化，具有较强的区间特性。

目前大多数学者针对粘接结构疲劳方面的研究主要集中在常温环境条件下进行疲劳试验及寿命预测，或者研究特定温度对粘接结构疲劳性能的影响。较少研究关于不同温度下粘接结构疲劳性能的影响，且研究方法具有一定的局限性，无法预测粘接结构在任意服役温度下的疲劳寿命。此外，大部分试验选用薄基底单搭接接头，疲劳试验过程中涉及粘接基材的变形，实际测试得到的性能是整个粘接接头的性能，并不能完全代表粘接剂的性能。同时缺少针对聚氨酯类粘接剂的相关研究，该粘接剂具有很强的温度敏感性，并且在不同温度下的疲劳性能差异明显。因此，通过不同温度作用下的粘接接头疲劳试验，研究服役温度区间内的粘接结构疲劳特性变化规律，对于保证车身粘接结构安全性具有重要意义。

本章根据高速列车粘接结构的实际运行环境及自身特点，在服役温度区间范围内，选取不同的温度条件（−40℃、−10℃、20℃、50℃和80℃），分别进行对接接头和搭接接头的准静态和疲劳试验，研究温度对接头准静态和疲劳性能影响的内在规律，以获得特定温度下的疲劳应力-寿命曲线。在此基础上建立疲劳失效预测方法和预测模型。通过响应面法，将疲劳参数拟合成关于温度的函数，构建具有区间特性的疲劳寿命关系函数，得到对应温度区间内疲劳寿命 N_f 与温度 T_{emp}、名义应力幅值 S 之间的函数关系 $N_f = f(T_{emp}, S)$，获得温度-名义应力-疲劳寿命曲面。通过 SEM 对不同温度下的疲劳失效断面进行微观分析，分析其失效机理，揭示温度对接头疲劳特性的影响规律及作用机理。

4.2　粘接接头设计与制作

参考标准《胶粘剂拉伸剪切强度的测定》（GB/T 7124—2008），选取单搭接接头作为试验研究对象，这是用于粘接结构研究所采用的最广泛结构形式。但单搭接接头由于自身结构特点，当基体刚度不足时，在试验加载过程中粘接基材会发生变形，导致内部实际受力方向发生改变。对于疲劳试验，较薄的粘接基体也可能会导致非粘接区域基材先于粘接部位发生失效，无法对粘接性能进行评价。因此考虑粘接基体刚度、准静态及疲劳试验条件等因素，选用厚铝合金基体作为粘接基材，与粘接剂组成粘接接头。厚基底搭接接头的形式与尺寸如图 4.1(a) 所示。接头的总体尺寸为 175mm×25mm×20mm，粘接面积为 25mm×25mm，胶层厚度为 1mm。通过粘接夹具进行搭接接头的制备，如图 4.1(b) 所示。由于铝合金弹性模量远大于粘接剂弹性模量，并且接头设计过程中选用厚尺寸粘接基底，可认为拉伸过程中基材发生变形很小，接头位移的变化主要来自胶层变形。

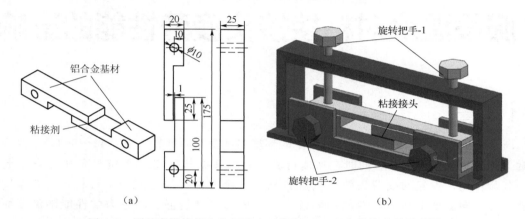

图 4.1　厚基底搭接接头几何尺寸（单位：mm）和粘接夹具示意图

4.3　试验装置与测试方法

4.3.1　准静态测试

参考车辆实际服役温度特点，针对车身服役环境中的温度区间范围（−40～80℃），选取典型温度条件，分别选取−40℃、−10℃、20℃、50℃、80℃五个温度点，分别进行对接接头和搭接接头的准静态测试。先将粘接接头按照各组温度条件放置在环境试验箱中维持4h 以达到接头温度的充分均匀，将接头取出后立刻加载到电子万能试验机进行测试。在5mm/min 的恒定速度下测试粘接接头直至破坏，记录接头的失效载荷、失效位移和失效形式。

4.3.2　疲劳试验设备

为研究不同温度下粘接接头的疲劳性能，自主开发了环境-疲劳耦合的拉-拉循环加载试验装置。该试验装置主要由湿热环境箱、杠杆加载装置、控制器、显示器、力传感器和油泵总成等组成，如图 4.2 所示。湿热环境箱能控制温度实现不同温度环境。油泵总成主要由液压油泵和液压油缸组成，液压油泵为油缸提供动力，而动力通过加载轴作用到杠杆加载装置上。杠杆加载装置由多组杠杆连接结构组成，根据试验所需加载载荷和同组试验所需接头数目改装杠杆机构，能同时对 4 或 8 个粘接接头进行疲劳试验，并且每个接头所受的试验力相等，这将提高测试数据的一致性，加快试验速度。力传感器能随时测量液压油缸加载到杠杆加载装置上的作用力，其测试精度在 1% 以内，监测到的数据可以实时传输到控制器。显示器不仅可以设置系统参数，还可以实时显示控制参数。

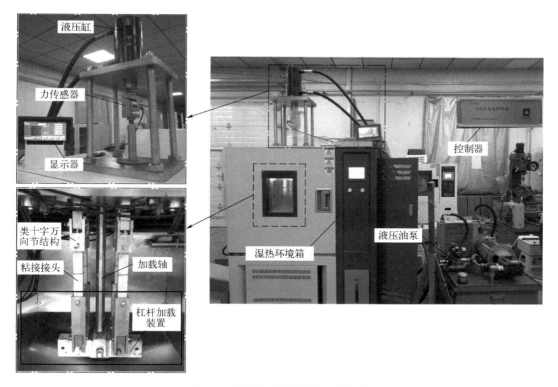

图 4.2　环境与疲劳耦合加载装置

本试验装置通过控制器实现力控制，采用闭环控制实时反馈并调节力的大小，同时监控力传感器，保证了试验的准确性。粘接接头夹具为类十字万向节结构，保证拉-拉疲劳试验过程中粘接接头只承受轴向力。试验过程中所有连接部位始终保持受力状态，因此整个加载装置具有良好的刚度，能够迅速将载荷变化传递到粘接接头，保证每个接头都能按照设定载荷谱进行加载。

4.3.3　疲劳性能测试

为研究服役温度对聚氨酯粘接接头疲劳失效的影响，同样选取$-40℃$、$-10℃$、$20℃$、$50℃$、$80℃$五个温度点，分别进行对接接头和搭接接头的疲劳试验。在对粘接接头进行不同温度下的疲劳试验前，为了保证粘接胶层内部温度充分达到疲劳测试温度，需要在对应温度下保持 4h 以达到接头温度的充分均匀，然后开始疲劳加载。通过环境与疲劳耦合加载装置，对粘接接头进行拉-拉正弦循环载荷试验，其中载荷水平根据不同温度下粘接接头的准静态失效载荷，按照一定百分比进行选取，选取 20%、30%、40%、50%、60%五个疲劳载荷水平，载荷比 r 选取 0.1，疲劳频率取 5Hz。考虑到疲劳试验数据离散性较大，单个载荷水平下至少进行 4 次试验，并根据疲劳断裂循环次数和粘接接头失效断面形式对数据有效性进行判断，剔除无效数据并补做试验，每组保留 3 个有效数据。

4.4　试验结果与分析

4.4.1　准静态力学性能分析

通过准静态拉伸试验，得到不同温度下搭接接头和对接接头的载荷-位移曲线，如图

4.3 所示，发现，温度对粘接接头的力学性能影响明显。随着温度的升高，两种接头的失效载荷和失效位移逐渐减小。搭接接头的载荷-位移曲线在经历线性上升，达到失效载荷之后，曲线的载荷有相当大的下降。对接接头的载荷-位移曲线在短弹性阶段后出现非线性弹性变形，在曲线达到失效载荷后，载荷曲线迅速下降，说明失效是快速发生的。

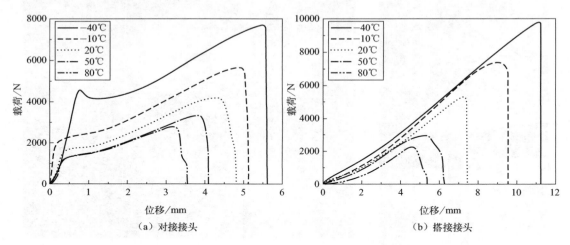

图 4.3　载荷-位移曲线

为了更直观表示粘接接头的失效载荷和失效位移随着温度的变化规律，作变化规律曲线如图 4.4 所示。由图发现，随着温度升高，失效载荷和失效位移逐渐减小。与 −40℃ 时相比，在 −10℃、20℃、50℃ 和 80℃ 时对接接头的失效载荷分别下降了 25.4%、44.7%、56.1% 和 63.4%，搭接接头的失效载荷分别下降了 23.3%、45.6%、66.8% 和 76.9%，失效载荷随温度升高下降明显。在低温时失效载荷的下降速率较大，随着温度升高，下降速率逐渐减小。这是由于低温条件，更接近粘接剂的 T_g（−66℃），材料性能变化明显，从而导致失效载荷下降速率较大，随着温度升高，材料性能变化幅度减小。与 −40℃ 时相比，在 −10℃、20℃、50℃ 和 80℃ 时对接接头的失效位移分别下降了 11.9%、19.8%、31.4% 和 36.4%，搭接接头的失效位移分别下降了 18.6%、33.7%、52.9% 和 57.4%。由于聚氨酯粘接剂在低温下韧性增强，从而导致接头具有较高的失效强度和位移。

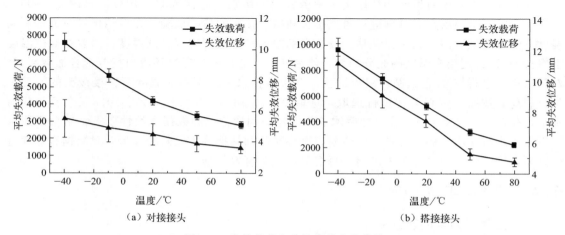

图 4.4　失效载荷和失效位移变化曲线

一般情况下，高温时粘接剂的弹性增强，其失效位移应该增加，但在高温下粘接剂失效位移的变化是由延伸率和失效强度共同导致的。与－40℃相比，80℃时对接接头失效强度下降幅度为63.4%，而失效位移下降幅度为36.4%；搭接接头失效强度下降幅度为76.9%，而失效位移下降幅度为57.3%。从低温开始升温，刚开始时粘接剂延展性变化明显，然而随温度继续升高，粘接剂的延展性变化幅度减小，而失效载荷下降幅度增大，使得粘接剂在未达到大变形时就发生失效断裂，导致随温度升高接头的失效位移减小。同时发现低温时粘接接头失效载荷和失效位移的标准偏差较大，高温时标准偏差逐渐减小，说明随着温度升高粘接接头数据离散度减小，一致性增加。

为了研究粘接接头在－40℃、－10℃、20℃、50℃和80℃下的失效强度变化，通过2.2.3节中的式(2.1)和式(2.2)，由图4.4的失效载荷和粘接面积计算得到粘接接头的失效强度。为了得到任意温度下粘接接头的失效强度，分别采用二次多项式函数和指数函数对不同温度下的平均失效强度进行拟合，得到粘接接头的平均失效强度变化曲线、拟合函数和拟合精度R^2，如图4.5所示。发现两种函数的拟合精度均在0.99以上，拟合效果较好，均可用来表示接头失效强度随温度的变化规律。通过函数关系式可对服役温度区间内任意温度下的失效强度进行预测。

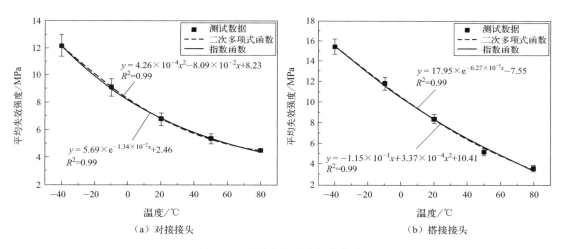

（a）对接接头　　　　　　　　（b）搭接接头

图4.5　平均失效强度拟合曲线

4.4.2　疲劳性能测试分析

环境与疲劳耦合试验装置通过控制器实现力的控制，同时监控力传感器，采用闭环控制实时反馈并调节力的大小。当粘接接头发生疲劳断裂时，载荷波动值会大于预设值，控制器会马上停止动力供给，机器停止，从而准确记录粘接接头的疲劳断裂循环次数。在一次试验中，接头受到恒定振幅的循环加载，直到发生断裂破坏，然后试验人员使用与粘接接头尺寸相同的铝合金块替代断裂接头，继续对其他接头进行疲劳试验，从而记录每个接头失效时的循环次数和名义应力幅值。收集在－40℃、－10℃、20℃、50℃、80℃不同温度下，对接接头的疲劳断裂循环次数如表4.1所示，搭接接头的疲劳断裂循环次数如表4.2所示。其中，考虑到疲劳试验数据离散性较大，每个载荷水平至少要进行4次试验，每组保留3个有效数据。样本1、2、3分别为各组的有效数据。

表 4.1 不同温度下对接接头的疲劳断裂循环次数

温度	载荷水平	疲劳断裂循环次数（×10³）			平均值	标准偏差
		样本 1	样本 2	样本 3		
−40℃	60%	1.6	2.6	3.4	2.5	0.9
	50%	7.9	9.5	12.8	10.1	2.5
	40%	66.6	72.4	98.9	79.3	17.2
	30%	684.9	797.9	942.6	808.5	129.1
	20%	4347.9	5623.4	6584.9	5518.7	1122.2
−10℃	60%	1.0	1.3	2.3	1.5	0.7
	50%	4.3	6.2	8.4	6.3	2.0
	40%	14.4	19.3	34.3	22.7	10.4
	30%	95.1	114.9	135.6	115.2	20.3
	20%	740.5	953.3	1242.6	978.8	252.0
20℃	60%	0.8	1.3	1.5	1.2	0.4
	50%	2.7	4.7	5.4	4.3	1.4
	40%	6.5	8.8	9.2	8.1	1.5
	30%	32.4	52.5	68.5	51.1	18.1
	20%	438.0	530.5	614.5	527.7	88.3
50℃	60%	0.6	0.9	1.2	0.9	0.3
	50%	2.7	3.3	4.2	3.4	0.8
	40%	8.4	9.6	10.7	9.6	1.2
	30%	19.5	23.8	32.4	25.2	6.6
	20%	359.4	417.7	541.3	439.5	92.9
80℃	60%	0.4	0.6	0.8	0.6	0.2
	50%	1.3	2.2	3.3	2.3	1.0
	40%	3.4	5.0	6.2	4.9	1.4
	30%	15.8	21.9	27.6	21.8	5.9
	20%	348.6	412.2	486.2	415.7	68.9

表 4.2 不同温度下搭接接头的疲劳断裂循环次数

温度	载荷水平	疲劳断裂循环次数（×10³）			平均值	标准偏差
		样本 1	样本 2	样本 3		
−40℃	60%	0.9	1.6	1.2	1.2	0.4
	50%	6.5	7.0	11.0	8.2	2.5
	40%	41.1	63.3	95.4	66.6	27.3
	30%	157.2	244.2	260.1	220.5	55.4
	20%	896.9	1104.2	1321.6	1107.6	212.4
−10℃	60%	0.1	0.3	0.3	0.2	0.1
	50%	2.4	2.5	4.7	3.2	1.3

温度	载荷水平	疲劳断裂循环次数（$\times 10^3$）			平均值	标准偏差
		样本 1	样本 2	样本 3		
−10℃	40%	8.3	9.9	12.7	10.3	2.2
	30%	38.1	57.4	60.3	51.9	12.1
	20%	289.8	524.2	701.5	505.2	206.5
20℃	60%	0.8	1.1	1.2	1.0	0.2
	50%	4.2	5.8	7.1	5.7	1.5
	40%	8.4	16.8	22.5	15.9	7.1
	30%	37.7	54.5	75.9	56.0	19.1
	20%	337.7	624.3	756.3	572.8	214.0
50℃	60%	2.4	3.0	3.4	2.9	0.5
	50%	3.3	4.1	5.9	4.4	1.3
	40%	12.9	18.3	22.3	17.8	4.7
	30%	87.7	135.3	176.1	133.0	44.2
	20%	296.9	364.3	671.5	444.2	199.7
80℃	60%	1.1	1.4	2.4	1.6	0.7
	50%	7.1	8.1	12.2	9.1	2.7
	40%	18.8	21.5	29.7	23.3	5.7
	30%	31.6	48.1	60.5	46.7	14.5
	20%	253.0	368.1	480.2	367.1	113.6

根据接头疲劳断裂循环次数和施加的名义应力幅值，建立单对数坐标系，以名义应力幅值为纵坐标，以某一载荷水平时的疲劳断裂循环次数的对数为横坐标，绘制数据散点图。对名义应力幅值和断裂循环次数之间的关系进行描述时，常见的数学表达式包括幂函数式、指数式和三参数式等，本书选取指数式对名义应力幅值和断裂循环次数之间的关系进行描述，具体公式为：

$$e^{mS}N_f = C \tag{4.1}$$

两边取对数后为：

$$S = A \lg N_f + B \tag{4.2}$$

式中，S 为名义应力幅值；N_f 为疲劳断裂循环次数；m、C、A、B 为与材料、粘接接头属性及加载方式等有关的参数。

$$A = -1/(m \times \lg e) \tag{4.3}$$
$$B = \lg C/(m \times \lg e) \tag{4.4}$$

根据式（4.2），采用最小二乘法进行函数拟合，得到不同温度时粘接接头名义应力幅值-断裂循环次数曲线。为了对比分析不同温度下粘接接头的疲劳寿命，作对接接头的 S-N 曲线如图 4.6 所示，S-N 曲线公式和拟合精度如表 4.3 所示；搭接接头的 S-N 曲线如图 4.7 所示，S-N 曲线公式和拟合精度如表 4.4 所示。发现在 −40℃、−10℃、20℃、50℃ 和 80℃ 条件下，对接接头的拟合优度分别为 0.98、0.97、0.94、0.94 和 0.92，拟合优度均高于 0.92；搭接接头的拟合优度分别为 0.98、0.97、0.95、0.94 和 0.94，拟合优度均高于

0.94，说明函数具有较高的拟合精度且随温度升高拟合优度逐渐减小。基于拟合函数，可以对不同温度下粘接接头的疲劳性能进行定量分析。

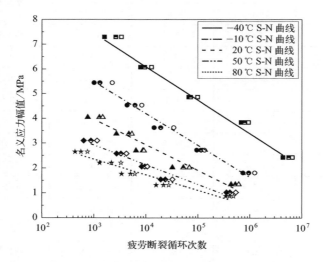

图 4.6　不同温度下对接接头的 S-N 曲线

表 4.3　对接接头的拟合公式和拟合精度 R^2 值

温度/℃	S-N 曲线公式	R^2
−40	$S=11.73-1.37\times\lg(N_f)$	0.98
−10	$S=9.33-1.28\times\lg(N_f)$	0.97
20	$S=6.87-0.99\times\lg(N_f)$	0.94
50	$S=5.24-0.77\times\lg(N_f)$	0.93
80	$S=4.17-0.61\times\lg(N_f)$	0.92

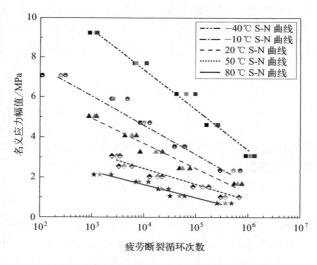

图 4.7　不同温度下搭接接头的 S-N 曲线

　　基于不同温度下粘接接头的 S-N 曲线拟合公式，进行对接接头的疲劳性能定量分析。分别将 10^6 次疲劳断裂循环次数代入公式中，可得到对应的名义应力。当循环 10^6 次时，

−40℃、−10℃、20℃、50℃ 和 80℃ 下的粘接接头名义应力分别为 3.5MPa、1.7MPa、0.9MPa、0.6MPa 和 0.5MPa。相比于−40℃ 的名义应力，−10℃、20℃、50℃ 和 80℃ 条件下的接头名义应力分别下降了 51.4%、74.3%、82.9% 和 85.7%。相同的疲劳断裂循环次数条件下，随着温度升高接头的名义应力呈现下降趋势，并且随温度升高名义应力下降幅度逐渐减小。

表 4.4　搭接接头的拟合公式和拟合精度 R^2 值

温度/℃	S-N 曲线公式	R^2
−40	$S = 15.44 - 2.03 \times \lg(N_f)$	0.98
−10	$S = 10.54 - 1.44 \times \lg(N_f)$	0.97
20	$S = 8.63 - 1.25 \times \lg(N_f)$	0.95
50	$S = 5.74 - 0.84 \times \lg(N_f)$	0.94
80	$S = 4.13 - 0.6 \times \lg(N_f)$	0.95

基于不同温度下粘接接头的疲劳性能拟合函数，对搭接接头的疲劳性能进行定量分析，并将 10^6 次疲劳断裂循环次数代入公式中，可得到对应的名义应力。当循环 10^6 次时，−40℃、−10℃、20℃、50℃ 和 80℃ 下的粘接接头名义应力分别为 3.4MPa、1.9MPa、1.1MPa、0.7MPa 和 0.4MPa。相比于−40℃ 的名义应力，−10℃、20℃、50℃ 和 80℃ 条件下的接头名义应力分别下降了 43.6%、66.5%、79.2% 和 87.8%。

上述分析发现，相同的疲劳断裂循环次数下，随着温度升高粘接接头的名义应力呈现下降趋势，特别在−40℃ 到−10℃ 区间内下降最为明显，并且随温度升高名义应力下降幅度逐渐减小。这说明温度越接近 T_g 时，名义应力下降越明显，这与粘接接头准静态失效强度变化规律一致。

由此可见，温度对聚氨酯粘接接头的疲劳性能有显著影响。温度较低时，接头的疲劳寿命较长，随着温度的升高，接头的疲劳寿命逐渐降低，在−40℃ 到−10℃ 区间内下降幅度最大。上述结果表明，温度越接近粘接剂的 T_g，接头的疲劳寿命变化越明显，S-N 曲线的斜率随着温度的升高而逐渐减小，表明疲劳失效的机理可能随着温度的变化而改变。接头疲劳寿命的减小可通过高温下粘接强度的降低来解释，随着温度的升高，粘接剂分子结构内部更可能发生热激活过程，降低聚合物中的平均分子间结合强度，并降低粘接剂的粘接强度。在 80℃ 下进行疲劳试验时，粘接剂的韧性增加，当施加疲劳载荷引起粘接剂过度变形，变形伸长量超过粘接剂失效位移时，粘接剂将失效，导致接头断裂。因此，对于给定的名义应力幅值，粘接接头在较高温度下的疲劳寿命较小。

4.4.3　疲劳性能预测

为了进一步揭示温度对聚氨酯粘接接头疲劳性能的影响，以及为高速列车在服役温度区间内任意温度下粘接结构的疲劳寿命预测提供参考。该研究通过粘接接头在不同温度作用下的疲劳试验，并结合区间理论，获得粘接接头在不同温度区间下的疲劳寿命函数及其参数特征。根据 5 个温度下的 S-N 曲线，建立参数 A、B 随温度的变化规律，A 和 B 为疲劳寿命曲线函数的参数。基于最小二乘法，采用二次多项式进行拟合，对接接头的拟合曲线、公式及对应拟合优度如图 4.8(a) 所示，搭接接头的拟合曲线、公式及对应拟合优度如图 4.8(b) 所示。由图可知，拟合曲线的拟合优度均大于 0.96，具有较高的拟合精度。

将参数 A、B 的拟合函数代入式(4.2) 中，得到引入温度变量的名义应力-疲劳断裂循环次数拟合函数式，对接接头和搭接接头函数式如式(4.5) 和式(4.6) 所示。

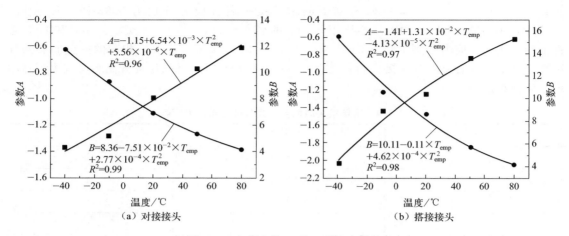

图 4.8　疲劳参数 A 和 B 的拟合曲线

$$S=(-1.15+6.54\times10^{-3}\times T_{emp}+5.56\times10^{-6}\times T_{emp}^2)\times\lg N_f+8.36-$$
$$7.51\times10^{-2}\times T_{emp}+2.77\times10^{-4}\times T_{emp}^2 \tag{4.5}$$
$$S=(-1.41+1.31\times10^{-2}\times T_{emp}-4.13\times10^{-5}\times T_{emp}^2)\times\lg N_f+10.11-$$
$$0.11\times T_{emp}+4.62\times10^{-4}\times T_{emp}^2 \tag{4.6}$$

　　为了验证该拟合函数的准确性和可行性，特选取 10 组温度-名义应力采样点，其中在不同温度下均选择 50% 疲劳载荷水平，将温度和名义应力代入函数中，计算得到疲劳断裂循环次数的对数值，并与实际试验得到的循环次数的对数值进行比较，分析两者之间的相对误差，对比情况如表 4.5 所示。通过比较计算结果和试验结果之间的相对误差，发现两者之间的相对误差较小，且最大相对误差小于 6%。进一步说明拟合函数能够较为准确地反映名义应力、温度和疲劳断裂循环次数之间的关系，这对不同温度下 Sikaflex®-265 粘接接头疲劳性能预测有一定的参考意义，也给高速列车在服役温度区间内任意温度下粘接接头的疲劳性能预测提供了参考。

表 4.5　粘接接头的计算结果与试验结果对比

接头类型	采样	温度/℃	名义应力/MPa	循环次数对数值（计算结果）	循环次数对数值（试验结果）	相对误差/%
对接	1	−40	6.08	4.08	4.00	2.01
	2	−10	4.54	3.79	3.80	0.28
	3	20	3.37	3.53	3.63	2.60
	4	50	2.58	3.36	3.53	4.99
	5	80	2.21	3.24	3.35	3.38
搭接	6	−40	7.70	3.77	3.84	1.79
	7	−10	4.73	4.22	3.99	5.74
	8	20	4.08	3.45	3.63	4.96
	9	50	2.56	3.73	3.61	3.34
	10	80	1.78	3.97	4.08	2.79

　　为了更加直观地表现温度对粘接接头疲劳性能的影响，根据公式绘制温度-名义应力-疲

劳断裂循环次数拟合曲面，对接接头的拟合曲面如图 4.9 所示，搭接接头的拟合曲面如图 4.10 所示。可见，随着温度的升高，粘接接头的疲劳寿命明显降低，而且随着疲劳断裂循环次数的增加，名义应力也逐渐降低。

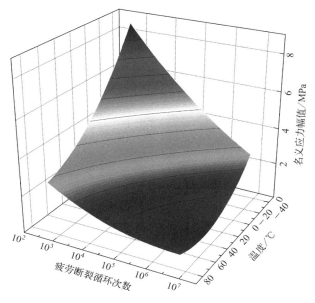

图 4.9　对接接头的温度-名义应力-疲劳断裂循环次数拟合曲面

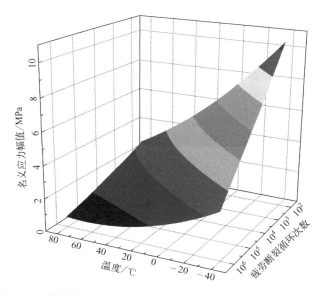

图 4.10　搭接接头的温度-名义应力-疲劳断裂循环次数拟合曲面

4.4.4　静态失效断面及失效机理分析

粘接接头的铝合金基底材料强度远大于 Sikaflex®-265 粘接剂的强度，因此试验过程中只会出现界面失效、内聚失效或混合失效。图 4.11 为对接接头在 -40℃、-10℃、20℃、50℃ 和 80℃ 中典型的准静态失效断面。发现不同温度下的准静态失效断面主要发生内聚失效。随温度变化，粘接接头的准静态失效断面变化明显。在 -40℃ 时，接头失效断面比较光滑平整，表面有较多的裂纹。在−10℃时，表面的裂纹减少，失效断面开始出现微小孔洞。在20℃时失效断面的孔洞现象更加明显。并且随温度上升，孔洞数量减少，而体积明显增大。在80℃时接头失效断面的孔洞现象已经很明显。

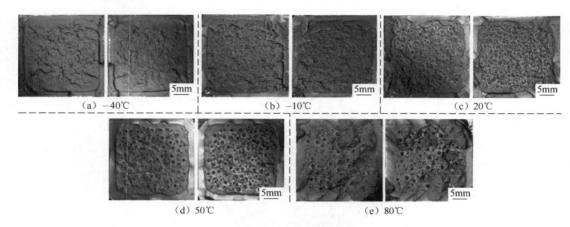

图4.11　不同温度下的准静态失效断面

上述分析发现，对接接头的明显特征是在断裂表面有大量的孔洞，这是因为失效断面中出现了气蚀现象。低温时，温度接近粘接剂的T_g，粘接剂更显韧性，孔洞在低温时收缩导致失效断面上的孔洞现象不明显，出现较明显的裂纹现象。随着温度的升高，温度远大于粘接剂的T_g，粘接剂更显弹性，孔洞在高温时发生膨胀，失效断面上孔洞数量减小，但是体积增大。

从宏观角度来看，控制粘接层损伤的破坏机制尚不清楚。为了弥补这一不足，采用SEM对图4.11中不同温度下胶层的失效表面进行微观分析。测试前，样品进行喷金处理，增强其导电性。对胶层的断裂面进行低倍（100×）观察，主要检查微观断面的裂纹、孔洞和凸起等特征。同时对胶层的断裂面进行高倍（1000×）观察，观察微观断面的颗粒脱粘和韧带等特征。图4.12为不同温度下接头的准静态失效断面的SEM（100×）显微图片，发

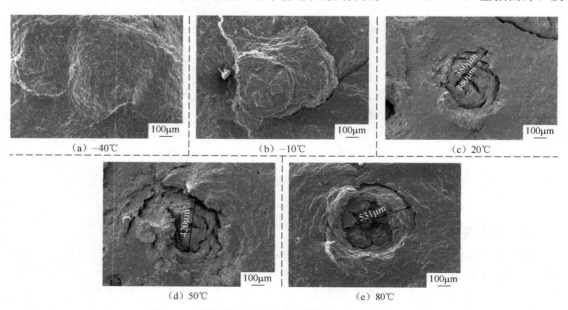

图4.12　不同温度下的准静态断面SEM图（100×）

现在－40℃时，微观断面光滑平整，随温度升高，在－10℃时开始出现比较明显的凸起颗粒。并且在20℃时微观断面开始出现孔洞，孔洞体积较小，随着温度增加，孔洞体积逐渐增大。而孔洞的增长通常是由于软胶膜的限制而由施加的拉伸静水压力导致的。

如图4.13所示为不同温度下接头的准静态失效断面的SEM（1000×）显微图片。发现，在－40℃时微观断面出现少量的颗粒脱粘现象（圆圈标记），随温度升高，在－10℃时颗粒脱粘的现象更加明显。20℃时，微观断面开始出现由粘接剂微裂纹引起的韧带区域（圆圈标记）。在50℃时，断面形貌显示整个表面出现许多韧带（圆圈标记），此外还存在因颗粒脱粘导致的失效，由开裂而产生的韧带，并且在80℃时微观断面中的韧带区域（圆圈标记）更加明显。韧带导致拉伸过程中有效粘接面积减小，并在局部增加了施加到粘接剂中的有效应力。

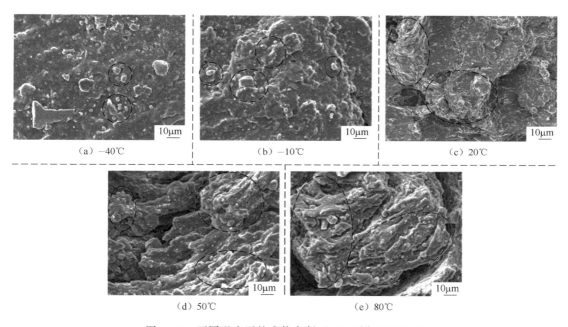

（a）－40℃　　　　　　（b）－10℃　　　　　　（c）20℃

（d）50℃　　　　　　（e）80℃

图4.13　不同温度下的准静态断面SEM图（1000×）

如图4.14所示为搭接接头在不同温度下的失效断面，发现粘接接头的失效断面主要发生内聚失效。但是在不同温度下，失效断面又有比较大的差异。在－40℃时粘接接头的失效断面较为光滑平整，没有明显凸起。随着温度升高，－10℃时失效断面开始出现少量褶皱，在20℃时褶皱数量增加，但总体还是较为平整。50℃时失效断面在褶皱的基础上出现大量裂纹，裂纹深度较深，并且分布较为稀疏，而80℃时失效断面的裂纹比50℃时更明显，裂纹深度较浅，但是更加密集。这是因为低温时粘接剂的温度接近T_g，呈韧性断裂的形貌，从而导致失效断面更加光滑，随着温度升高，粘接剂黏弹性特征更加明显，从而导致失效断面褶皱和裂纹数量增多。

搭接接头的失效断面既有内聚破坏，也有混合（界面/内聚）破坏。从宏观趋势来看，无论所研究的温度如何，都可以观察到试样的突然断裂。采用SEM对失效表面进行微观分析。对胶层的断裂面进行低倍率（100×）观察，主要检查微观断面的裂纹和凸起特征。如图4.15所示为不同温度下胶层断面的SEM显微图。对比不同温度下准静态失效断面的SEM图，发现，在－40℃时，胶层的微观断面比较平整，没有明显的凸起和裂纹。－10℃

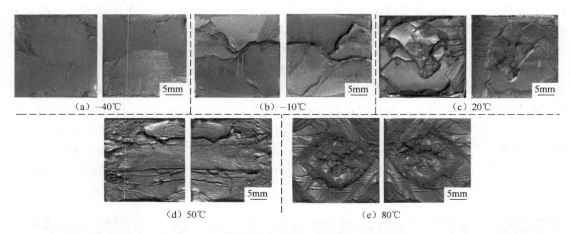

图 4.14　不同温度下的搭接接头失效断面

时，胶层微观断面开始出现少量凸起（虚线框所示），不过整体形貌比较光滑。随着温度升高，在 20℃时，胶层微观断面出现明显凸起（虚线框所示）。50℃时，胶层微观断面开始出现明显的裂纹，而在 80℃时，裂纹比 50℃时更加密集，但是裂纹深度较小。说明温度对粘接胶层的微观断面影响明显，随着温度的升高，断面出现了明显的凸起和裂纹。

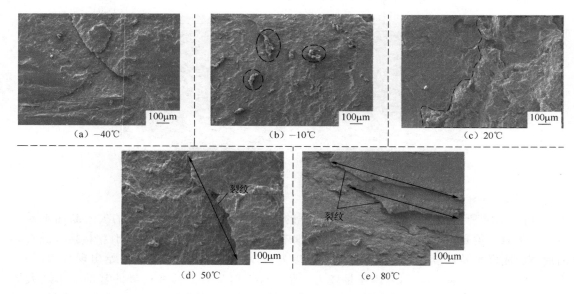

图 4.15　不同温度下胶层断面 SEM 图

4.4.5　疲劳失效断面及失效机理分析

为了研究温度对粘接接头疲劳失效断面的影响，选取典型的疲劳失效断面进行观察。图 4.16 分别为粘接接头在 −40℃、−10℃、20℃、50℃和 80℃时的典型疲劳失效断面。发现在同一温度不同疲劳载荷水平作用时，接头疲劳失效断面有比较明显的变化趋势。并且对比不同温度下的疲劳失效断面，也有较大差异。

由图 4.16 发现，−40℃时，60%载荷水平时的失效断面光滑平整，在 40%载荷水平时开始出现比较多的孔洞，随着载荷水平下降，孔洞数量增多，体积增大。在低温时，粘接剂

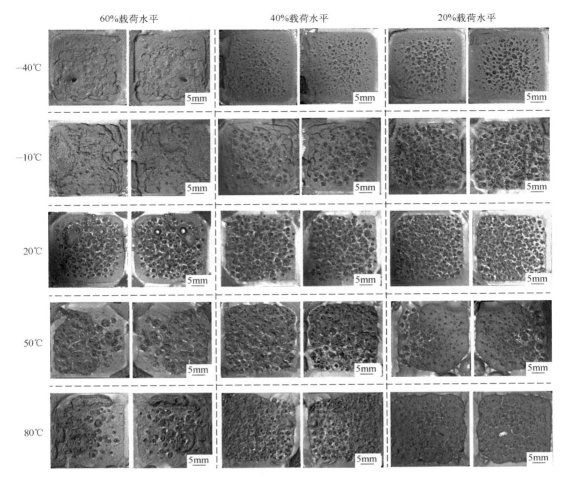

图 4.16　不同温度和载荷水平下的典型疲劳失效断面

的温度接近 T_g，韧性较低，从而导致失效断面整体较为光滑，并且表面孔洞体积较小，呈现韧性疲劳断裂的形貌。在 -10℃时，60% 载荷水平时的失效断面较为平整，仅出现少量气泡，并随着载荷水平的下降，气泡数量增多，体积增大。在 20℃时，不同载荷水平的疲劳失效断面出现大量的孔洞。随着载荷水平的下降，失效断面的孔洞数量增加。然而在 50℃时，60% 载荷水平时的失效断面较为光滑平整，有少量面积比较大的孔洞。随着疲劳载荷水平的降低，失效断面内孔洞体积减小，但数量增多。80℃时，疲劳失效断面的变化规律与 50℃时的相似。60% 载荷水平时的失效断面有较大的孔洞，但数量较少。

从宏观角度来看，控制粘接层损伤的破坏机制尚不清楚。为了弥补这一不足，采用 SEM 对失效断面进行微观分析，如图 4.17 所示。发现 -40℃随着载荷水平的下降孔洞的面积增大，同时深度也增加。与 -40℃相比，-10℃时的疲劳失效断面中的孔洞体积增大，失效表面更加粗糙。说明随着温度升高，粘接剂黏弹性特征更加明显，导致疲劳失效断面的孔洞体积增大。与 -10℃相比，20℃时的疲劳失效断面中的孔洞现象更明显，失效表面更加粗糙。随着疲劳载荷水平的下降，孔洞的面积增大，但深度变化不明显。随着温度升高，在 50℃和 80℃时，随着载荷水平下降，孔洞面积逐渐减小。

为了更进一步地分析，对 80℃时载荷水平 60% 和 20% 的失效断面进行 SEM（$500\times$）

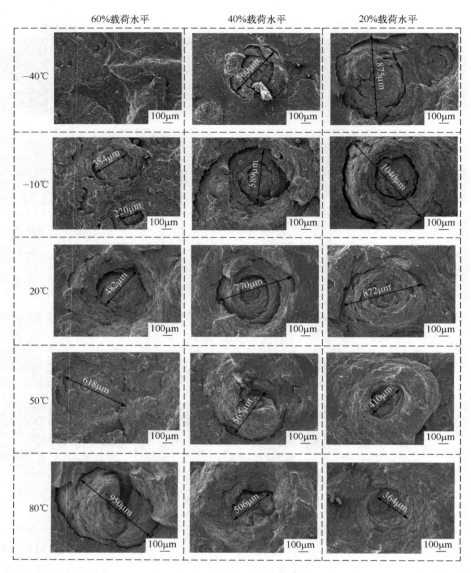

图 4.17　不同温度和载荷水平下的疲劳失效断面 SEM 图

分析，如图 4.18 所示。发现在 60% 载荷水平时的失效断面出现许多韧带，同时发现少量的颗粒脱粘现象（圆圈标记）。在 20% 载荷水平时的失效断面中由粘接剂微裂纹引起的韧带区域更加明显，说明温度较高时，粘接剂韧性较好，疲劳时容易发生韧性断裂。

　　试验发现，在不同温度下，对接接头的疲劳失效断面形貌差异较大，低温时的疲劳失效断面较为光滑平整，而高温时失效断面更加粗糙。粘接胶层内部的孔洞对疲劳寿命也有较大影响，温度较高时，胶层内部孔洞体积较大，容易产生微裂纹，减少粘接接头的疲劳寿命，而温度较低时，胶层内部孔洞较小，因此接头的疲劳寿命较长。Imanaka 等研究了分散孔洞对粘接接头疲劳强度的影响，采用粘接剂的对接接头在拉-压疲劳载荷下进行了一系列疲劳试验，结果表明在较低应力循环范围内，不含孔洞的粘接接头的疲劳强度高于孔洞分散接头的疲劳强度。

　　搭接接头在 −40℃、−10℃、20℃、50℃ 和 80℃ 时的典型失效断面如图 4.19 所示，矩形框为界面失效区域，箭头为疲劳损坏方向。发现，在同一温度下，失效断面随着疲劳载荷

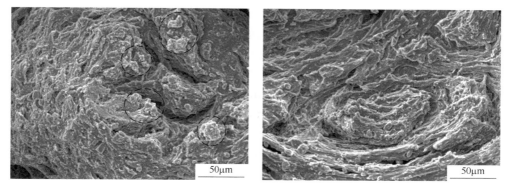

（a）载荷水平60%　　　　　　　　　　　　　（b）载荷水平20%

图 4.18　80℃时不同载荷水平的失效断面 SEM 图

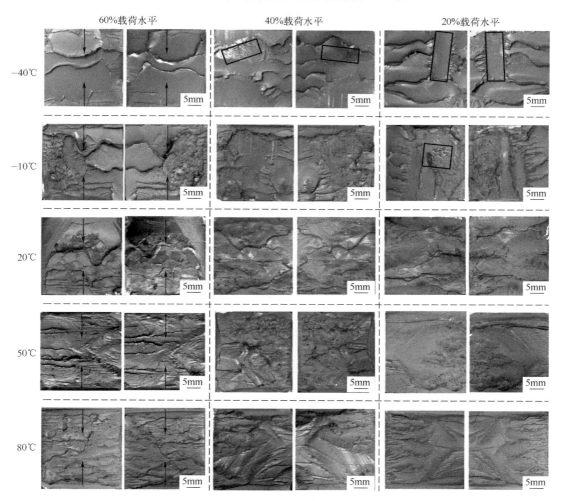

图 4.19　不同温度和载荷水平下的典型疲劳失效断面

水平的变化有比较明显的变化趋势，并且通过对比不同温度下的疲劳失效断面，发现温度不同时失效断面差异更明显。通过观察试件在疲劳试验过程中的破坏情况，可以解释接头的破坏路径。损伤最初发生在粘接剂/粘接基材界面的粘接区域边界，然后扩展到粘接剂内部。粘接剂疲劳开裂方向垂直于褶皱的方向（如图 4.19 中箭头所示）。

由图可以发现，在−40℃时，60％载荷水平时的失效断面出现少量褶皱，随着载荷水平的下降，褶皱增加，开始出现小区域的界面失效（矩形框所示），并且界面失效的面积有小幅度的增大。说明在长时间交变载荷作用下粘接剂与铝合金表面的结合力下降，并在粘接界面有界面失效发生。−10℃时，60％载荷水平时的失效断面有较多褶皱，随载荷水平降低褶皱减少，断面出现明显凸起，20％载荷水平时出现小区域的界面失效。与−40℃相比，−10℃时疲劳失效断面更粗糙，说明粘接剂的黏弹性特征更明显。在20℃时，60％载荷水平时的失效断面有明显的褶皱，并伴有较多的裂纹。随着疲劳载荷水平的下降，失效断面的褶皱变得不明显，裂纹减少并且深度变浅。50℃时和80℃时，60％载荷水平时的失效断面有明显的褶皱，并且有较多的裂纹，随着载荷水平的降低，裂纹更不明显。

同时采用SEM对图4.19的失效断面进行微观分析，图4.20为不同温度下胶层断裂面的SEM（100×）显微图。发现，−40℃，60％载荷水平时，断面光滑平整。随着疲劳载荷水平

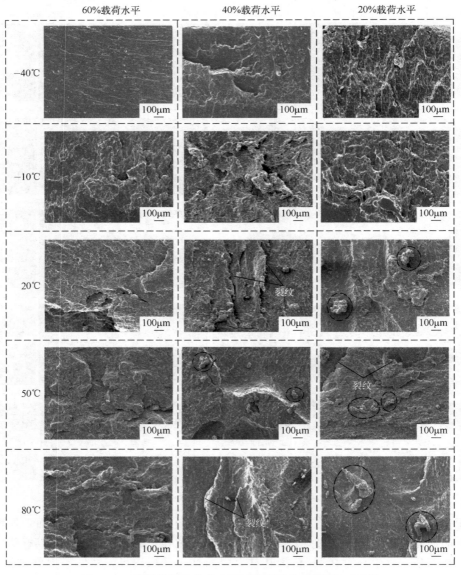

图4.20　不同温度和载荷水平下的疲劳失效断面SEM图

的减小，在断裂表面由粘接剂微裂纹引起的韧带区域变化更加明显，粘接剂发生比较明显的变形。与-40℃相比，在-10℃下疲劳失效断面的韧带更加明显，断面形貌显示整个表面有很多韧带，随着疲劳载荷水平的减小，粘接剂微裂纹引起的韧带区域更明显，粘接剂的变形更加显著。

并且发现，20℃时的疲劳断面开始出现裂纹和凸起颗粒，60%疲劳载荷水平时，断面较为光滑平整，40%载荷水平时出现微观裂纹，并在20%载荷水平时断面出现明显的凸起颗粒。50℃时存在因颗粒脱粘（以圆圈标记）导致的疲劳失效。80℃时有比较明显的因为胶层开裂而产生的裂纹，在20%载荷水平时失效断面有明显的凸起颗粒（以圆圈标记）。

上述试验分析发现，在不同温度时搭接接头的疲劳失效断面形貌变化明显，说明疲劳失效的机制可能随着温度的变化而改变，低温疲劳时容易发生小区域的界面失效，而高温时都为内聚失效。这可能与粘接剂的特性有关，随着温度升高，聚合物链段开始运动，材料的形变明显增加，粘接剂表现出高弹特性，黏弹性特征更加明显。在-40℃时，粘接剂显韧性，容易发生韧性断裂，疲劳失效断面的韧带区域变化明显。然而80℃时，粘接剂显黏弹性，在疲劳试验时，粘接接头容易发生断裂，疲劳失效断面出现比较明显的裂纹和凸起颗粒。粘接胶层内部的孔洞对疲劳寿命也有比较大的影响，温度较高时，胶层内部孔洞体积较大，容易产生微裂纹，减少粘接接头的疲劳寿命，而温度较低时，胶层内部孔洞较小，因此接头的疲劳寿命较长。通过SEM分析表明，疲劳寿命主要发生在裂纹扩展阶段，接头经历了短暂的裂纹萌生，然后裂缝扩展控制了整个疲劳寿命。疲劳破坏是由裂纹、孔洞和夹杂物引起的，这导致了局部应力集在表面形貌的某些峰谷处，应力集中是裂纹在界面形成和扩展的主要原因。

4.5 本章小结

在本章中，以对接接头和搭接接头为研究对象，选取-40℃、-10℃、20℃、50℃和80℃温度点，进行准静态试验和疲劳试验。通过疲劳试验测试了粘接接头在不同温度下的疲劳性能，研究了温度对接头疲劳性能的影响。通过宏观和SEM分析了接头的准静态和疲劳失效断面，揭示了其失效机理。得到结论如下：

（1）温度对接头的准静态性能影响明显，随温度上升，失效载荷和失效位移逐渐降低。与-40℃相比，在80℃的对接接头的失效载荷和失效位移分别下降了63.4%和36.4%，搭接接头的失效载荷和失效位移分别下降了76.9%和57.4%，并且温度接近T_g时下降幅度越大。

（2）温度对接头的疲劳性能影响明显，随温度升高，接头的疲劳性能逐渐下降。温度越靠近粘接剂的T_g，疲劳性能下降幅度越明显。随着温度的升高，接头内部系统的能量增加，粘接剂分子结构内更容易发生热激活过程，聚合物中的平均分子间结合强度降低，导致粘接接头的疲劳性能下降。

（3）粘接接头的疲劳失效机制随着温度的变化而改变，疲劳失效断面变化明显。升温时聚合物链段开始运动，材料的形变增加，粘接剂的黏弹性特征更加明显。对接接头中气蚀是引发层失效的主要机理。搭接接头在低温时疲劳失效断面容易发生界面失效，而高温时失效断面为内聚失效。通过SEM分析表明，疲劳寿命主要发生在裂纹扩展阶段，接头经历了短暂的裂纹萌生，然后裂缝扩展控制了整个疲劳寿命。疲劳破坏是由裂纹、孔洞和夹杂物引起的，导致在表面形貌的某些峰谷处局部应力集中，并存在孔洞夹杂，这是裂纹在界面形成和扩展的原因。

（4）建立了温度-名义应力-疲劳断裂循环次数函数公式，并绘制了拟合曲面，能够准确地反映三者之间的关系。对不同温度下粘接剂的疲劳性能预测有一定的工程意义，给高速列车粘接结构在服役温度区间的疲劳性能预测提供参考。

第**5**章

湿热与静态载荷耦合对接头
力学性能的影响

5.1 引言

　　高速列车粘接结构在服役过程中，除了温度、湿度的影响，还会受载荷的影响。粘接结构作为承载结构的部件，必然长期受到静态载荷作用，一般都在许用强度下使用，然而长期在许用强度以下使用时，粘接剂将产生蠕变变形。蠕变将导致粘接结构缓慢变形，随着时间的积累，承载能力降低，最终导致粘接结构缓慢变形而发生失效。

　　单一的温度、湿度和载荷对粘接接头的影响有限，共同作用下的影响更明显。高温与静态载荷长时间作用对粘接剂的力学性能影响明显，更容易引起蠕变和老化失效。并且粘接剂为聚合物，具有吸湿性，在湿热情况下水分子更容易进入胶体内部而加速老化，同时吸湿膨胀也会产生内应力，引起力学性能变化。因此，在湿热环境长期负载情况下，粘接剂蠕变现象更加明显。高速列车粘接结构经常在不同工作环境以及长期负载下使用，为满足粘接结构在实际工程中的需要，对粘接结构进行失效预测时，需要同时考虑温度、湿度和静态载荷的影响，因此研究不同环境下粘接剂的蠕变和老化特性具有重要工程应用价值。

　　本章选取对接接头和搭接接头，在高温和高温高湿条件下，对粘接接头施加不同载荷水平的静态载荷，分别测试得到蠕变曲线。重点讨论在高温和高温高湿条件下静态载荷作用引起的蠕变和老化行为，分析蠕变变形和失效机理，建立合适的蠕变模型，并讨论力学性能的变化规律。同时对粘接接头进行湿热与静态载荷耦合作用的老化试验，测试老化不同周期后的失效载荷，获得失效强度随环境条件与静态载荷水平的变化规律，并通过宏观和微观失效断面分析失效机理，研究湿热与静态载荷耦合在老化失效过程中的影响规律及作用机制。

5.2 试验装置与测试方法

5.2.1 湿热与静态载荷耦合测试

　　最常用的耐久性测试方法是根据湿热耦合条件对粘接接头进行加速老化，然后测试力学性能。由于该测试方法没有考虑载荷的影响，一般周期较长。由于载荷作用能够加速水分的吸收，致使粘接界面发生损伤，而且在载荷作用下还能产生蠕变，因此在耐久性测试的时候对接头进行加载处理，不仅与高速列车实际服役情况更加一致，还能提高耐久性测试效率。

为了模拟列车粘接结构主要受力形式，选取了两种典型应力状态的粘接接头进行试验，分别为对接接头（主要承受正应力）和搭接接头（主要承受剪应力）。由于常温时静态载荷对粘接接头影响较小，为了测试温度与静态载荷耦合对接头的影响，参考标准选取了高温环境（80℃），采用"GW"表示，同时为了测试湿度的影响，选取了高温高湿环境（80℃/95%RH），采用"GWGS"表示。由于在小载荷作用下蠕变现象的形成需要很长的时间，因此研究蠕变时需要选取较大的载荷，并且对比不同载荷时材料的蠕变性能，参考第4章的疲劳寿命曲线选取了200N、400N和600N三个载荷水平，由粘接面积计算得到恒定应力为0.32MPa、0.64MPa和0.96MPa。湿热与静态载荷耦合试验开始前，先将粘接接头在两种环境中静置4h，然后在高温和高温高湿环境下对接头进行200N、400N和600N的加载试验，利用环境与载荷耦合试验装置（如图5.1所示），通过三级杠杆结构能够同时对8个接头进行加载，保证了每个接头受力相等。

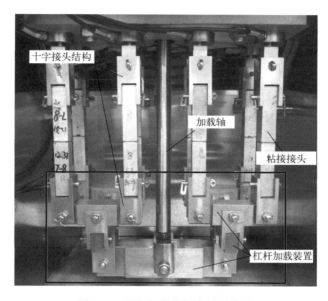

图 5.1　环境与载荷耦合试验装置

5.2.2　力学性能测试方案

为了分析湿热与静态载荷耦合对接头力学性能的影响，需要得到力学性能随时间的变化规律。发现在高温和高温高湿环境下对接头施加静态载荷200N时，试验持续时间较长，接头不容易发生失效断裂。为了研究施加200N时接头力学性能的变化，同时考虑试验效率问题，选取了384h（16d）作为最长试验周期，将其等间隔分成0、96、192、288、384h（等同于0、4、8、12和16d）五个周期。对接头分别施加静态载荷400N和600N，发现在小于384h时接头发生失效断裂，以同一种试验工况下发生两个接头断裂的时间作为最长试验周期，将其等分为五个周期。在每个试验周期结束后，将粘接接头从试验装置中取出，放置于常温环境中静置4h，待接头温度稳定至常温后进行准静态拉伸，以5mm/min的拉伸速率测试得到粘接接头的载荷-位移曲线，同一试验条件和周期下测试4个接头。

在湿热与静态载荷耦合作用过程中接头发生断裂时，发现其余接头还保持一定的强度，此时需要分析接头发生断裂时的剩余强度。由于接头发生断裂时处于高温环境，因此在高温下测试得到发生断裂时接头的剩余强度。当粘接接头出现断裂时，将其余接头从环境与载荷耦合试验装置中取出，立刻加载于电子万能试验机中进行高温条件下的准静态拉伸测试，得到载荷-位移曲线。试验测试方案如表 5.1 所示，同一参数水平下，试验重复做 3 次，测试得到不同环境、载荷水平和时间作用后粘接接头的失效载荷和失效位移，并分析失效断面。

表 5.1　试验方案

湿热环境	试验工况	施加静态载荷/N	老化周期/h	测试温度/℃
高温 80℃	GW	0	0、96、192、288、384（等于 0、4、8、12 和 16d）	20
	GW+200N	200		
高温高湿 80℃/95%RH	GWGS	0	0、96、192、288、384（等于 0、4、8、12 和 16d）	20
	GWGS+200N	200		
高温 80℃	GW+400N	400	以断裂时间为最长周期，将其等分为五个周期点	20
	GW+600N	600		20
	GW+400N-GW	400		80
	GW+600N-GW	600		80
高温高湿 80℃/95%RH	GWGS+400N	400	以断裂时间为最长周期，将其等分为五个周期点	20
	GWGS+600N	600		20
	GWGS+400N-GW	400		80
	GWGS+600N-GW	600		80

5.2.3　蠕变测试

采用环境与载荷耦合试验装置，配合 VIC-3D 非接触全场应变测量系统，对粘接接头进行高温和高温高湿条件下的恒定载荷蠕变特性测试，测得蠕变曲线。蠕变曲线是指材料在一定温度和应力作用下，伸长率随时间而变化的曲线，反映了温度、应力、变形量和时间之间的关系。在负载条件下测试接头的位移随时间和负荷的变化关系，同时记录接头发生失效断裂的时间。

测试方法为使用 2 个 L 形金属薄片分别固定于接头的上、下两个铝合金柱体上，每隔一定时间通过 VIC-3D 对粘接接头进行拍照，通过分析测试得到 L 形金属薄片之间的相对距离 H 变化，计算得到伸长率，如图 5.2 所示。对粘接接头分别施加静态载荷，200N、400N 和 600N 三组试验，每组试验选取 4 个件进行蠕变测量，取平均值。所有试验均采用 100N/s 加载速度加载，均在 10s 以内加载到蠕变保持应力水平。需要指出的是，试验时测得的蠕变变形是铝合金柱体的变形与粘接剂变形之和，由于所施加载荷远小于铝合金的弹性极限，铝合金基本不发生蠕变变形。

5.2.4　蠕变性能分析

蠕变是材料重要的力学特性之一，施加静态载荷后，接头首先产生瞬态应变，然后发生与时间相关的蠕变变形，典型的蠕变应变与时间的关系曲线分为三个阶段，如图 5.3 所示：

（1）第 I 阶段，此段为减速蠕变阶段，是可逆形变阶段的弹性变形，应力和应变成正

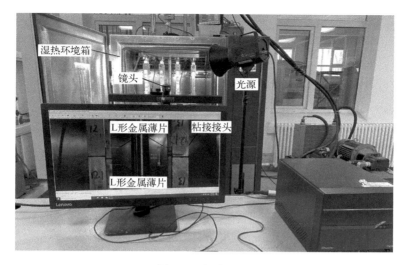

图 5.2　蠕变测试

比。刚开始时的蠕变速率 $d\varepsilon/dt$ 较大，随着时间延长蠕变速率逐渐减小，到此阶段终了时，蠕变速率达到最小值。

（2）第Ⅱ阶段，此段为恒速蠕变阶段，其特征是蠕变速率基本保持不变，是衡量材料抗蠕变性能的重要指标。

（3）第Ⅲ阶段，此段为加速蠕变阶段，随时间延长，蠕变速率逐渐增大，到最高点时产生蠕变断裂。

同一种材料的蠕变曲线随着应力的大小和温度的高低而不同。当减小应力或降低温度时，蠕变第Ⅱ阶段延长，甚至不出现第Ⅲ阶段（如图 5.3 曲线 c 所示）；当增加应力或提高温度时，蠕变第Ⅱ阶段缩短，甚至消失，接头经减速蠕变阶段后很快进入加速蠕变阶段而断裂（如图 5.3 曲线 a 所示）。

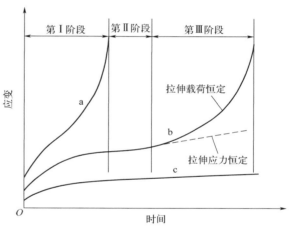

图 5.3　典型的蠕变曲线

5.3　蠕变测试结果与分析

5.3.1　蠕变量分析

在湿热环境中对粘接接头分别施加 200N、400N 和 600N 静态载荷，测试接头的蠕变变形，得到不同载荷水平时应变量随时间的变化规律。对接接头在高温和高温高湿环境中加载的蠕变曲线如图 5.4 和图 5.5 所示。其中试验的加载分为两个阶段，第一阶段为快速加载至预定载荷阶段，第二阶段为恒应力加载阶段，图中显示第二段，试验中以加载到恒定应力的初始时间为时间零点。

所有接头的应变量均呈现随时间增加而增大的趋势，并且随着载荷水平的增加导致较大的瞬时应变和应变速率。在高温环境中加载 200N、400N 和 600N 时，第一阶段的应变量分别为 0.5%、1.5% 和 2.0%，作用到最大周期时应变量分别为 2.0%、5.5% 和 6.0%；在高温高湿环境中加载 200N、400N 和 600N 时，第一阶段的应变量分别为 0.6%、2.0% 和

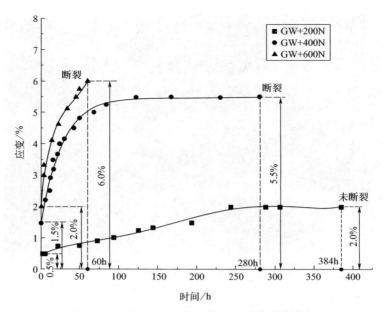

图 5.4　对接接头在高温环境中加载的蠕变曲线

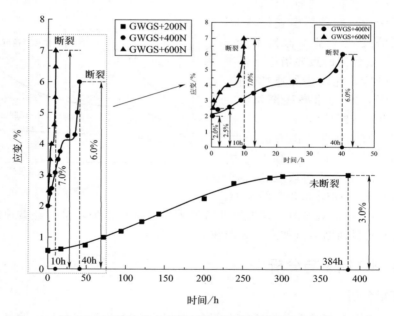

图 5.5　对接接头在高温高湿环境中加载的蠕变曲线

2.5%，作用到最大周期时应变量分别为 3.0%、6.0% 和 7.0%。刚开始加载时，高温高湿环境下的应变量大于高温，说明水分起到了软化和水解的效果。

　　上述试验发现，在两种环境中加载 200N 时，接头应变均呈现先缓慢增加后趋于稳定的变化趋势，作用 384h 后接头未发生断裂。高温环境中加载 400N 时，开始应变急剧增加，增加速率较大，随着时间延长速率逐渐减小。加载 600N 时出现加速蠕变阶段，随着时间延长，蠕变速率逐渐增加直至断裂，接头出现明显颈缩现象，在胶层内部产生裂纹和孔洞，从而导致蠕变速率增加。然而高温高湿环境中加载 400N 和 600N 时，接头均存在减速蠕变、恒定蠕变和加速蠕变阶段，开始时蠕变速率较大，随着时间增加，蠕变速率逐渐减小，经历蠕变速率几乎保持不变阶段，最后随着时间的延长，蠕变速率逐渐增加直至发生断裂。

　　搭接接头分别在高温环境和高温高湿环境中加载的蠕变曲线如图 5.6 和图 5.7 所示。发现，载荷水平的增加使瞬时应变和蠕变应变增大，并且经历了更大的蠕变应变，发生断裂失效时间更短。高温环境中加载 200N、400N 和 600N 时，第一阶段的应变量分别为 2.0%、4.8% 和 9.0%，作用到最大周期时应变量分别为 6.0%、9.3% 和 12.5%。高温高湿环境中加载 200N、400N 和 600N 时，第一阶段的应变量分别为 3.2%、5.6% 和 10.0%，作用到最大周期时应变量分别 9.2%、12.5% 和 22.0%，说明高温高湿环境时的应变量和应变速率明显大于高温环境。搭接接头蠕变曲线变化趋势与对接接头相似，但是发生断裂失效的时间更短。

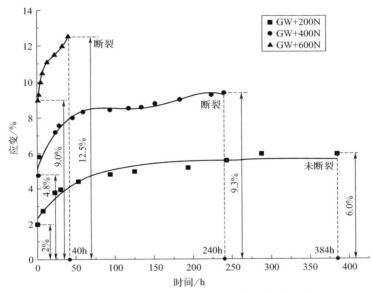

图 5.6　搭接接头在高温环境中加载的蠕变曲线

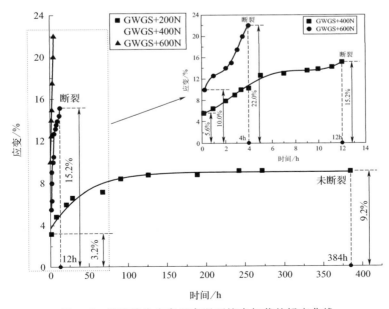

图 5.7　搭接接头在高温高湿环境中加载的蠕变曲线

在高温和高温高湿条件下粘接接头蠕变阶段，应变量随应力的变化规律如图 5.8(a) 所示，蠕变失效断裂时间如图 5.8(b) 所示。发现，相同应力水平作用时，相比高温环境，高温高湿时接头的蠕变应变率明显更大，并且发生失效断裂时间更短，尤其是搭接接头。说明湿热环境对聚氨酯粘接接头蠕变性能的影响显著，而且这种影响随着应力的增大而逐步扩大。因为在较高湿度下，水分的塑化作用占主导地位，导致较大的蠕变应变。同时发现，外载荷相同时，对接接头发生蠕变断裂的时间大于搭接接头，并且应变量远小于搭接接头，由于对接接头主要受正应力作用，说明处于正应力状态下的粘接结构具有更好的抗蠕变性能。

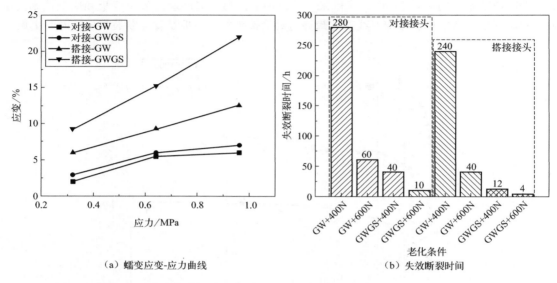

（a）蠕变应变-应力曲线 　　　　　（b）失效断裂时间

图 5.8　高温与高温高湿环境下蠕变应变-应力曲线和失效断裂时间

5.3.2　蠕变模型本构理论

建立一种适合的蠕变模型描述聚氨酯粘接剂在不同环境以及应力水平下的蠕变行为是非常重要的。国内外学者在此方面的研究主要集中在粘接结构的蠕变特性实验研究，以及采用不同蠕变模型描述粘接结构的蠕变性能上，而关于高温及湿热对聚氨酯粘接结构蠕变行为的影响研究相对较少，更是缺少对比分析不同环境、应力状态下蠕变性能的影响。

材料非线性黏弹性蠕变模型主要包括单积分型、多重积分型、幂率型和微分积分型。其中多重积分型的 Onaran 模型，单积分型的 Lianis 模型，幂率型的 Findley 模型应用比较广泛。Feng 等研究了环氧树脂和铝基板接合粘接结构的长期蠕变行为，提出了一种基于物理的蠕变模型用于解释此结构的长期蠕变行为。Dean 采用橡胶增韧粘接剂研究了粘接接头在干燥及湿热环境时的蠕变行为，发现湿热环境中接头的蠕变速率明显高于干燥环境，并且可使用基于松弛时间和短期蠕变柔量的指数函数模拟粘接接头的蠕变柔量曲线。

本节采用黏弹性多重积分 Onaran 蠕变模型对两种应力状态接头的蠕变特性进行理论分析，同时对建立蠕变模型的理论值与实测值进行对比分析。经过 Onaran 等修正后的黏弹性的多重积分蠕变模型，其单轴恒定应力时的本构方程如下所示：

$$\varepsilon(t) = \int_0^t K_1(t-t_1) \frac{\partial \sigma(t_1)}{\partial t_1} \mathrm{d}t_1 + \int_0^t \int_0^t K_2(t-t_1, t-t_2) \frac{\partial \sigma(t_1)}{\partial t_1} \frac{\partial \sigma(t_2)}{\partial t_2} \mathrm{d}t_1 \mathrm{d}t_2$$

$$+ \int_0^t \int_0^t \int_0^t K_3(t-t_1, t-t_2, t-t_3) \frac{\partial \sigma(t_1)}{\partial t_1} \frac{\partial \sigma(t_2)}{\partial t_2} \frac{\partial \sigma(t_3)}{\partial t_3} \mathrm{d}t_1 \mathrm{d}t_2 \mathrm{d}t_3 \quad (5.1)$$

式中，等号右边第一重积分项为线性响应项，第二重积分项为每两个增量相互作用产生的对变形的贡献，依次类推，K_1、K_2、K_3 为蠕变柔量。

可将单轴恒定应力时的本构方程（5.1）化为单轴蠕变模型：

$$\varepsilon(t) = K_1(t)\sigma + K_2(t)\sigma^2 + K_3(t)\sigma^3 \tag{5.2}$$

其中，参数 K_1、K_2、K_3 的表达式为：

$$K_1(t) = \mu_1 + \omega_1 t^n, K_2(t) = \mu_2 + \omega_2 t^n, K_3(t) = \mu_3 + \omega_3 t^n \tag{5.3}$$

式中，μ_1、μ_2、μ_3 是与材料相关的常数，而 ω_1、ω_2、ω_3、n 分别是与温度相关的参数，在恒温环境下为常数。由 Findley 等给出的幂率型蠕变本构关系得知，恒应力下的蠕变应变满足下面的关系式：

$$\varepsilon(t) = \varepsilon_0 + \varepsilon_t t^n \tag{5.4}$$

其中，ε_0 是初始应变，ε_t 是与应力有关的应变，n 为常数。把方程式（5.3）代入式（5.2）中，并且与方程式（5.4）比较，能够得到：

$$\varepsilon_0 = \mu_1\sigma + \mu_2\sigma^2 + \mu_3\sigma^3 \tag{5.5}$$

$$\varepsilon_t = \omega_1\sigma + \omega_2\sigma^2 + \omega_3\sigma^3 \tag{5.6}$$

采用多重积分蠕变模型对粘接接头的蠕变特性进行分析，对比试验数据确定本构方程中的核心参数，得到粘接接头的蠕变本构方程。通过蠕变试验测得的数据，经过双坐标系转换求得 ε_0、ε_t 和 n，将其代入式（5.5）和式（5.6）中，线性回归得到 6 个核心参数 μ_1、μ_2、μ_3、ω_1、ω_2、ω_3，并得到式（5.7）所示的多重积分蠕变模型。

$$\varepsilon(t) = (\mu_1 + \omega_1 t^n)\sigma + (\mu_2 + \omega_2 t^n)\sigma^2 + (\mu_3 + \omega_3 t^n)\sigma^3 \tag{5.7}$$

5.3.3 蠕变数据处理

采用多重积分本构关系和 Findley 幂率关系对图 5.4～图 5.7 中的数据进行处理，通过对式（5.4）进行移项和两边取对数，得到 $\ln t$ 的一次线性函数，如式（5.8）所示：

$$\ln[\varepsilon(t) - \varepsilon_0] = \ln\varepsilon_t + n\ln t \tag{5.8}$$

由式（5.8）可知，以 $\ln[\varepsilon(t) - \varepsilon_0]$ 对 $\ln t$ 作图，该拟合曲线的斜率即为 n，当 $\ln t = 0$ 时，即 $t = 1$，$\varepsilon_t = \varepsilon(t) - \varepsilon_0$，则 ε_t 为相对应的截距。对两种接头分别进行高温和高温高湿条件下的定载荷蠕变曲线处理，得到双对数坐标下粘接接头的蠕变应变拟合曲线，如图 5.9 所示。通过对拟合曲线分析，得到 n、ε_t，并通过试验测得 ε_0，得到表 5.2。

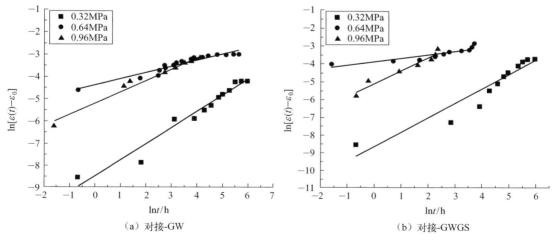

（a）对接-GW   （b）对接-GWGS

图 5.9

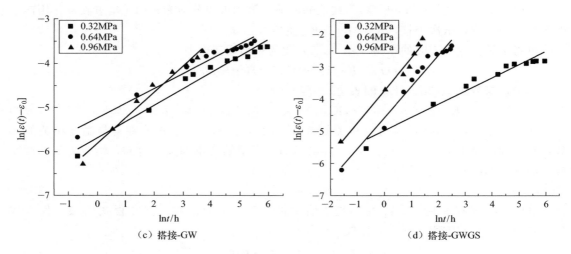

图 5.9　双对数坐标下的蠕变应变拟合曲线

表 5.2　不同接头拟合曲线的特征参数

参数	接头-湿热环境	应力水平/MPa		
		0.32	0.64	0.96
ε_t	对接-GW	0.0002	0.012	0.0057
	对接-GWGS	0.0002	0.021	0.0061
	搭接-GW	0.004	0.0065	0.0034
	搭接-GWGS	0.007	0.011	0.024
n	对接-GW	0.726	0.280	0.511
	对接-GWGS	0.813	0.203	0.731
	搭接-GW	0.417	0.374	0.655
	搭接-GWGS	0.406	0.968	1.019
ε_0	对接-GW	0.005	0.015	0.02
	对接-GWGS	0.006	0.02	0.025
	搭接-GW	0.02	0.048	0.09
	搭接-GWGS	0.032	0.056	0.10

　　将表中的 ε_t 值分别代入公式(5.6)中，通过线性回归得到对应的 ω_1、ω_2、ω_3 值，如表 5.3 所示。由于试验在恒定温度环境条件下进行，故对应的 ω_1、ω_2、ω_3 为常量。将表 5.2 中的初始应变 ε_0 值代入公式(5.5)中，通过线性回归计算得到对应的 μ_1、μ_2、μ_3 值，如表 5.4 所示。

表 5.3　不同接头的 ω_i 值 $(i=1,2,3)$

试验组	ω_1	ω_2	ω_3
对接-GW	−0.0487	0.202	−0.151
对接-GWGS	−0.09	0.375	−0.286
搭接-GW	0.0105	0.013	−0.021
搭接-GWGS	0.039	−0.0737	0.0615

表 5.4　不同接头的 μ_i 值 $(i=1, 2, 3)$

试验组	μ_1	μ_2	μ_3
对接-GW	-0.0025	0.073	-0.051
对接-GWGS	0.0072	0.044	-0.025
搭接-GW	0.056	0.0095	0.0056
搭接-GWGS	0.142	-0.177	0.144

　　将计算得到的 n、ω 和 μ 值代入公式(5.7) 中, 可得到对接和搭接接头的恒应力加载蠕变本构方程。式(5.9) 和式(5.10) 分别为对接接头在高温和高温高湿条件下的蠕变本构方程, 式(5.11) 和式(5.12) 分别为搭接接头在高温和高温高湿条件下的蠕变本构方程。

$$\varepsilon(t)=(-0.0025-0.0487t^n)\sigma+(0.073+0.202t^n)\sigma^2+(-0.051-0.151t^n)\sigma^3 \tag{5.9}$$

$$\varepsilon(t)=(0.0072-0.09t^n)\sigma+(0.044+0.375t^n)\sigma^2+(-0.025-0.286t^n)\sigma^3 \tag{5.10}$$

$$\varepsilon(t)=(0.056+0.0105t^n)\sigma+(0.0095+0.013t^n)\sigma^2+(0.0056-0.021t^n)\sigma^3 \tag{5.11}$$

$$\varepsilon(t)=(0.142+0.039t^n)\sigma+(-0.177-0.0737t^n)\sigma^2+(0.144+0.0615t^n)\sigma^3 \tag{5.12}$$

　　对蠕变模型进行验证, 对比分析粘接接头蠕变曲线的理论值与实测值, 以对接和搭接接头分别在高温和高温高湿环境中加载 0.32MPa 为例进行说明。根据式(5.9)～式(5.12) 计算得到粘接接头应变的理论值, 与实测值对比结果如图 5.10 所示。发现, 粘接接头应变的理论值和实测值的重合度较好, 不过在高温高湿时误差较大。

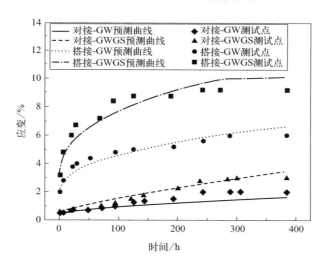

图 5.10　蠕变曲线的理论值与实测值对比

　　综上所述, 本节采用黏弹性多重积分的 Onaran 本构模型, 对两种应力状态聚氨酯粘接接头的蠕变特性进行了分析, 能较好描述粘接接头的单轴恒定载荷的蠕变行为, 反映了湿热耦合作用下加载不同静态载荷水平时的蠕变响应。

5.4　失效载荷分析

　　湿热与静态载荷耦合环境容易引起粘接接头的老化, 接头的强度退化行为是本节研究的重点。通过选取高温和高温高湿环境, 分别对接头施加不同载荷水平的静态载荷, 对不同环境和不同载荷水平下作用一定时间后的接头进行准静态拉伸试验，获得接头失效载荷，通过对数据进行归纳分析处理，得到失效载荷随时间的变化规律。

5.4.1 对接接头分析

在高温和高温高湿环境下对接头进行 0（未老化）、96、192、288、384h 的老化试验，试验分两组，一组空载，一组加载 200N 静态载荷，得到失效载荷随时间的变化规律，如图 5.11 所示。发现，失效载荷均呈现下降趋势，随老化时间增加下降速率逐渐减小，但下降幅度不同。与未老化相比，高温空载老化 384h 后接头失效载荷下降了 5.5%，而高温加载 200N 时失效载荷下降了 10.6%，下降幅度增加了 5.1%，说明在高温条件下施加静态载荷加剧了接头的老化。高温高湿环境下空载老化 384h 后失效载荷下降了 29.8%，加载 200N 时失效载荷下降幅度为 38.2%，进一步下降了 8.4%。

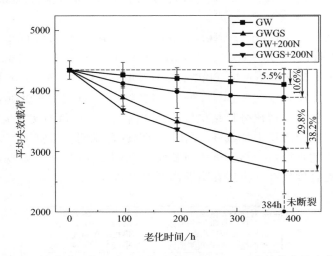

图 5.11 对接接头湿热环境下未加载和加载 200N 时失效载荷的变化规律

上述试验说明，高温条件下，湿度对接头失效载荷的影响非常明显，同时在高温高湿老化中引入静态载荷加剧了接头力学性能的衰退，这是由于载荷使胶层内部出现微裂纹，加速了水分在胶层中的扩散，引起更大的应变，并加速了粘接剂的老化。

为了进一步分析高温环境下施加不同静态载荷时力学性能的变化规律，在高温条件下分别加载 400N 和 600N 静态载荷，老化不同周期后分别进行常温和高温下的准静态力学性能测试，得到失效载荷随时间的变化规律，如图 5.12 所示。发现，随着载荷水平增加，接头发生失效断裂时间缩短，加载 400N 作用 280h 后发生断裂，而 600N 作用 60h 时发生断裂。接头失效载荷均随老化时间的延长而下降。常温测试时，相比未老化，400N 和 600N 作用最大周期后失效载荷下降幅度分别为 3.4% 和 7.3%，变化幅度较小，失效载荷下降速率均呈现先慢后快的变化趋势。高温测试时，相比未老化，400N 和 600N 载荷作用后，失效载荷下降幅度分别为 11.0% 和 19.5%，下降速率同样随时间增加而逐渐增大，600N 作用后失效载荷下降幅度明显增大。

上述试验发现，随着载荷水平的增大，对接接头失效载荷下降速率和下降程度均明显变大。并且高温测试时接头的失效载荷下降幅度均大于常温条件，分别增加了 7.6% 和 12.2%，说明在高温下的接头失效强度下降明显。

为了与高温环境进行对比，进一步在高温高湿环境下分别施加 400N 和 600N 的静态载荷，对老化不同周期后的粘接接头分别在常温和高温下进行准静态测试，得到失效载荷随老

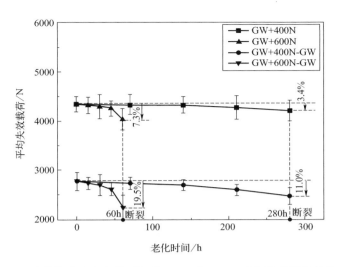

图 5.12 对接接头高温条件下加载 400N 和 600N 时失效载荷的变化规律

化时间的变化规律，如图 5.13 所示。发现与高温环境相比，接头发生断裂的时间显著缩短，并且失效载荷下降幅度明显增大。常温测试时，相比未老化，高温高湿与 400N 和 600N 静态载荷耦合作用最大周期后，失效载荷下降幅度分别为 22.7％和 24.6％。高温测试时，失效载荷分别下降了 27.8％和 29.0％。在常温和高温测试条件下，加载 400N 时的失效载荷下降趋势为刚开始时下降速率较大，随着时间增加下降速率逐渐减小，而加载 600N 时下降速率均逐渐增大。

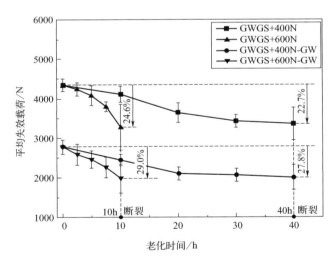

图 5.13 对接接头高温高湿条件下加载 400N 和 600N 时失效载荷的变化规律

综上所述，在湿热与静态载荷耦合作用时，接头失效载荷随时间延长而下降，随着载荷水平的增大，失效载荷下降速率和下降程度均变大。在高温高湿环境中，力学性能下降幅度明显大于高温环境。这是因为粘接接头在老化过程中，高分子粘接剂容易发生降解或交联反应，导致大分子链断裂，使粘接性能下降。高温下的水分子对粘接剂具有一定的渗透能力，降低了分子间的作用力，同时施加载荷后，胶层内部容易产生裂纹，加速了水分子在裂纹内部的扩散，加大接头力学性能衰减速率。

5.4.2 搭接接头分析

同样在高温和高温高湿环境中对剪切接头进行空载老化和加载 200N 老化试验，得到失效载荷随时间的变化规律，如图 5.14 所示。发现不同老化条件时失效载荷均呈下降趋势，随着老化时间增加，初始时失效载荷下降速率较大，随老化时间增加下降速率逐渐减小。

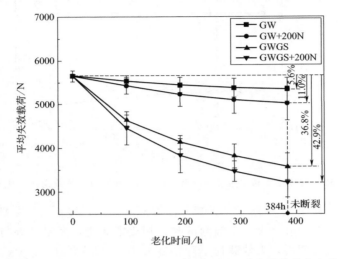

图 5.14　搭接接头湿热条件下未加载和加载 200N 时失效载荷的变化规律

与未老化相比，高温老化 384h 后失效载荷下降了 5.6%，下降幅度不明显，说明高温老化对接头力学性能影响不明显。高温加载 200N 时失效载荷下降了 11.0%，下降幅度增加了 5.4%。高温高湿老化 384h 后失效载荷下降了 36.8%，远大于高温与 200N 载荷耦合时的下降幅度。高温高湿加载 200N 老化 384h 时失效载荷下降幅度为 42.9%，相比空载时进一步下降了 6.1%，说明在高温条件下，施加小载荷时并不能明显加速力学性能的衰减，高湿度对性能影响更显著。

为了分析搭接接头在高温环境下施加不同载荷水平时力学性能的变化，在高温条件下分别施加 400N 和 600N 静态载荷，进行不同周期的老化试验，分别在常温和高温下进行准静态测试，得到失效载荷随时间的变化规律，如图 5.15 所示。发现，加载 400N 作用 240h 时

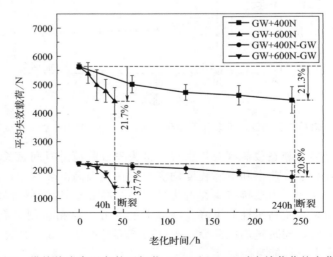

图 5.15　搭接接头高温条件下加载 400N 和 600N 时失效载荷的变化规律

接头发生断裂，加载 600N 作用 40h 时接头断裂，随载荷水平增加断裂时间明显缩短。常温测试时，相比未老化，在 400N 和 600N 静态载荷作用最大周期后失效载荷下降幅度分别为 21.3% 和 21.7%，加载 400N 时失效载荷下降速率为先快后慢，而 600N 时几乎呈线性下降。高温测试时，相比未老化，在 400N 和 600N 载荷作用后失效载荷分别下降了 20.8% 和 37.7%，400N 时失效载荷几乎线性下降，而 600N 作用时下降幅度明显增大，随时间延长下降速率逐渐加快。发现随着载荷水平的增加，失效载荷下降速率逐渐增大。

为了与高温环境对比，在高温高湿条件下施加 400N 和 600N 静态载荷，得到常温和高温测试条件下失效载荷随老化时间的变化规律，如图 5.16 所示。发现，与高温环境相比，失效载荷下降幅度明显增大。常温测试时，相比未老化，加载 400N 和 600N 作用最大周期时，失效载荷下降幅度分别为 62.6% 和 71.3%，失效载荷下降速率几乎呈线性变化。高温测试时，相比未老化，400N 和 600N 作用后失效载荷下降幅度分别为 54.7% 和 56.6%，小于常温时的下降幅度，并且下降速率基本呈线性变化。

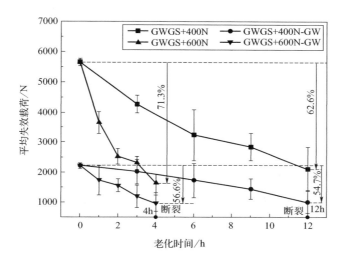

图 5.16　搭接接头高温高湿条件下加载 400N 和 600N 时失效载荷的变化规律

综上所述，在高温高湿与静态载荷耦合作用时，搭接接头失效载荷下降明显，下降幅度明显大于高温环境，且随着载荷水平的增加下降速率明显增大。同时发现，搭接接头在相同老化条件作用时失效载荷的下降幅度均大于对接接头，说明剪应力状态下的粘接结构承受静态载荷的能力较差。在高温测试时，发现最大老化周期的失效载荷均大于所施加的静态载荷，后面通过失效断面进行失效机理的相关分析。

5.5　失效断面及失效机理分析

5.5.1　对接接头分析

为了确定温度、湿度与静态载荷耦合作用下粘接结构的失效机理，可从宏观到微观尺度研究聚氨酯粘接接头的复杂断裂行为。一方面可以通过分析宏观形貌特征分析接头失效断面的失效形式；另一方面利用 SEM 观察接头的失效行为，分析失效断面裂纹长度和宽度等特征，还可分析孔洞的分布、大小等特征。通过研究老化失效过程中的表观形貌、微观结构以及界面的变化，分析不同环境因素对聚氨酯粘接剂老化失效行为的影响。

对未老化对接接头在常温和高温下的失效断面进行宏观和微观断面分析，得到失效断面的宏观形貌和 SEM 图（如图 5.17 所示）。发现，失效断面表面有许多孔洞，常温条件时孔洞体积较小，数量较多，随着温度上升，高温时孔洞数量减小，但体积变大，孔洞四周的微裂纹增多。

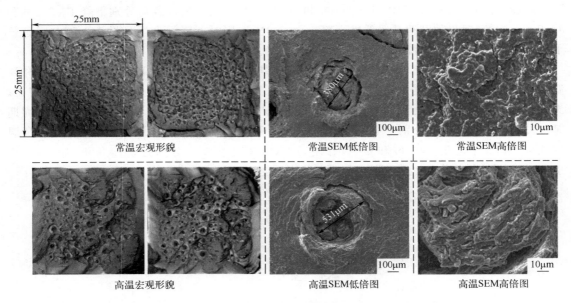

图 5.17　未老化失效断面

分析湿热与静态载荷耦合对接头失效形貌的影响，得到高温和高温高湿条件时分别加载 0N（空载）、200N、400N 和 600N 时的典型失效断面图，如图 5.18 所示。其中加载 0N 和 200N 时取老化 384h 时的失效断面，由于加载 400N 和 600N 时接头发生断裂，取最大老化周期时的失效断面讨论，上述老化后的接头均在常温条件下进行拉伸测试。

由试验发现，高温与静态载荷耦合时接头的失效形式主要是内聚失效，仅仅在加载 200N 老化时发生局部的界面失效。然而高温高湿与静态载荷耦合时失效形式主要是混合失效。这是由于高温高湿与 0N 和 200N 载荷耦合作用时老化周期较长，长时间的湿热作用容易引起界面失效，并且施加 200N 载荷后增大了界面失效所占的比例，然而由于与 400N 和 600N 耦合时老化周期短，粘接剂本体还未发生老化，主要是粘接剂/粘接基材之间的界面力下降，导致容易发生局部的界面失效。

由图 5.18 还可以发现，高温高湿条件下失效断面更容易发生界面失效，加载 0N 和 200N 时变化最明显。为了进一步分析失效形式的变化趋势，对高温高湿加载 0N 和 200N 后的失效断面进行观察，通过计算失效断面中界面失效和内聚失效所占的比例，得到不同老化周期时失效形式所占比重的柱状图（如图 5.19 所示）。发现，随老化时间的增加，界面失效所占比重逐渐增加。开始时界面失效还不明显，在老化 192h 后比较明显，且老化 288h 和 384h 时界面失效的比重显著增加。

结果表明，高温高湿环境下老化开始时水分对粘接剂/基材界面影响不大，但随着老化时间增加，水分子累积到一定程度后对界面层的影响增大，引起界面破坏或基体自身的腐蚀，而施加静态载荷又进一步加剧了影响。

为了进一步分析失效机理，对湿热与静态载荷耦合作用下的失效断面进行微观形貌测定。对图 5.18 中的典型失效断面做 SEM，选用高倍数（1000×）分析，得到高温、高温高

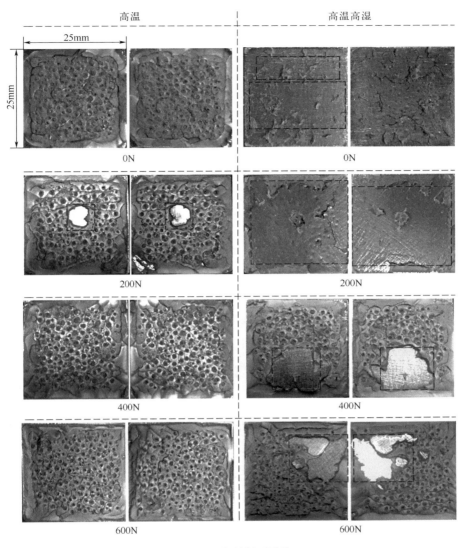

图 5.18　宏观断面形貌

湿条件分别与 0N（空载）、200N、400N 和 600N 耦合的微观断面形貌，如图 5.20 所示。通过 SEM 观察材料表面的形态变化，可以初步判断材料是否降解。发现，高温高湿环境作用时水分子不仅容易渗透到胶层与粘接基材的界面，而且渗入到粘接剂分子间的水分子与粘接剂发生降解反应，老化后微观断面出现微小颗粒和裂纹，导致性能恶化。粘接接头的界面失效破坏和聚氨酯粘接剂本身的水解反应是接头强度降低的主要原因。

　　在高温和高温高湿环境分别加载 400N 和 600N 时，发现在较短时间内接头发生断裂，通过准静态测试发现接头失效载荷远大于施加的静态载荷。为了找出发生失效断裂的原因，取最大老化周期时的接头进行高温下的准静态测试，得到高温测试时接头的典型失效断面，如图 5.21 所示。

　　由图发现，高温时主要发生内聚失效，而高温高湿时发生小区域的界面失效。这是因为随着粘接剂被水分子渗透，界面粘接层发生体积膨胀，导致接头产生内应力或负荷应力的集中，在应力作用下边缘更容易出现裂纹，使水汽加速从胶层边界扩散到内部，促使粘接剂/粘接基

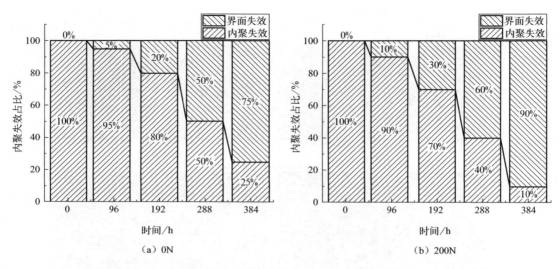

（a）0N   （b）200N

图 5.19 高温高湿条件下加载 0N 和 200N 时失效断面的变化

图 5.20 失效断面 SEM 图

材界面发生界面破坏。通过 SEM 进行高倍数（1000×）下的微观形貌测定，得到微观失效断面如图 5.22 所示。发现，水分子对粘接剂有明显的软化和水解作用。高温下的水分子对粘接剂具有一定的渗透能力，降低了分子间的作用力。并且高温时的温度远高于粘接剂的 T_g，粘接剂的黏弹特性明显，容易引起结构的过度变形产生失效，导致发生失效断裂时间较短。

5.5.2 搭接接头分析

对未老化搭接接头在常温和高温下的失效断面进行宏观和微观分析，得到失效断面的宏观形貌和 SEM 图（如图 5.23 所示），箭头为载荷施加方向。发现，常温时失效断面较为光滑，没有明显的裂纹，而高温时出现明显褶皱和裂纹，裂纹深度较浅但分布较为密集。

分析湿热与静态载荷耦合作用对接头失效断面的影响，得到高温和高温高湿条件分别加载 0N（空载）、200N、400N 和 600N 时的典型失效断面图，如图 5.24 所示，箭头为载荷施加方向。加载 0N 和 200N 时取老化 384h 时的失效断面。由于加载 400N 和 600N 时接头发生断裂，取最大老化周期时的失效断面进行分析。上述老化作用后的接头均在常温条件进行拉伸测试。

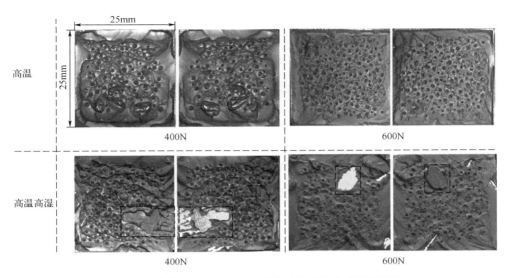

图 5.21 加载 400N 和 600N 载荷时接头的宏观断面形貌

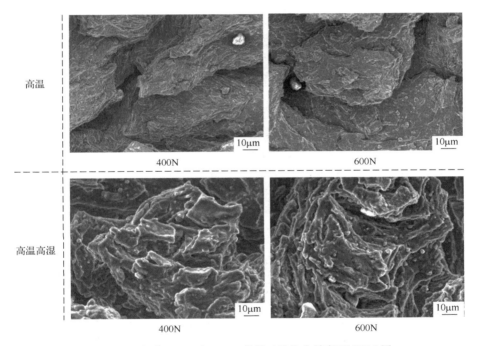

图 5.22 加载 400N 和 600N 载荷时接头失效断面 SEM 图

由失效断面图发现,高温条件时失效断面主要表现为内聚失效,空载时断面形貌较为光滑,随着载荷增加,失效断面出现明显的撕裂形貌。而高温高湿条件时,接头失效断面形貌变化明显,施加载荷时出现局部的界面失效,尤其在边缘区域更明显。这是由于在应力作用下边缘更容易出现裂纹,湿气加速从胶层边界扩散到内部,与聚合物产生氢键相互作用,致使胶层发生膨胀,减弱粘接剂与基材之间的结合力。

为了进一步分析失效机理,对湿热与静态载荷耦合作用下的失效断面进行微观形貌测定。选用 SEM 对图 5.24 的典型失效断面进行高倍数(1000×)分析,得到高温、高温高湿条件分

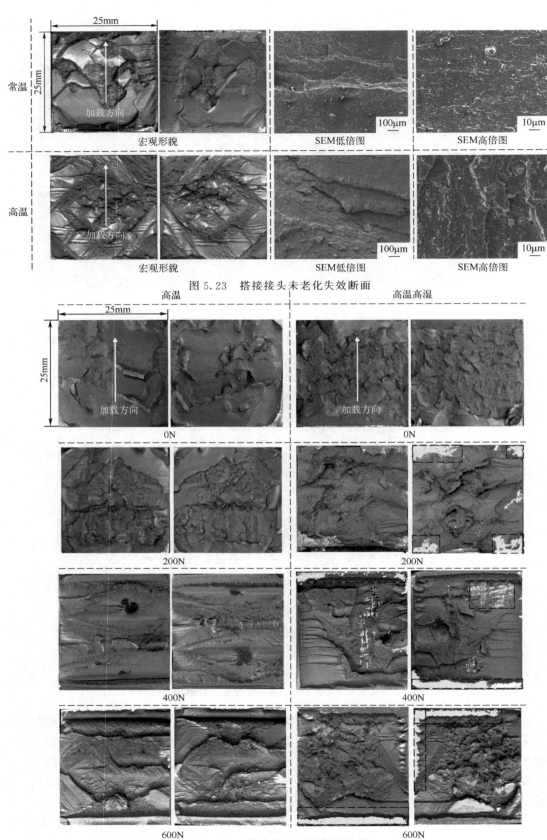

图 5.23　搭接接头未老化失效断面

图 5.24　搭接接头宏观断面形貌

别与0N、200N、400N和600N耦合作用下的粘接接头微观断面，如图5.25所示。发现，在高温高湿条件下加载0N和200N时，由于老化周期较长，水分子促使粘接剂的分子结构发生了改变，粘接剂的分子链发生了降解，微观断面出现微小颗粒和微裂纹。而施加400N和600N时，接头在较短周期内发生断裂，微观断面未发生明显变化，主要原因是载荷较大，能够加快水汽在粘接胶层内部的扩散，界面粘接层发生体积膨胀，并且引起结构的过度变形而产生失效。

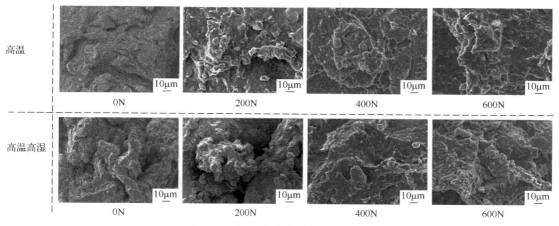

图5.25　搭接接头失效断面 SEM 图

5.6　本章小结

本章重点研究了湿热环境与静态载荷耦合作用下的蠕变及老化行为，分别选取了对接和搭接接头，在高温（80℃）和高温高湿（80℃/95％RH）两种老化环境下，对接头进行不同静态载荷水平的加载试验，分析蠕变变形，建立合适的蠕变模型。同时进行湿热与静态载荷耦合作用的老化试验，获得失效载荷随载荷水平与加载时间的变化规律，分析静态载荷在粘接结构老化过程中的影响，并通过 SEM 分析失效断面，讨论失效机理。得到如下结论。

（1）刚开始蠕变加载时，高温高湿状态下的应变率大于高温状态，说明水分子起到了软化和水解的作用。相同应力水平作用时，相比高温环境，高温高湿时接头的蠕变应变率明显更大，并且发生失效断裂时间更短，说明湿热环境对聚氨酯粘接接头蠕变性能的影响显著，而且这种影响随着应力的增大而逐步扩大。

（2）加载相同应力时，对接接头发生蠕变断裂的时间大于搭接接头，并且应变量远小于搭接接头，由于对接接头主要受正应力作用，说明处于正应力状态下的粘接结构具有更好的抗蠕变性能。

（3）采用黏弹性多重积分蠕变模型对聚氨酯粘接接头的蠕变特性进行理论分析，同时对蠕变模型的理论值与实测值进行了对比分析，发现蠕变模型能较好描述粘接接头的单轴恒载荷的蠕变行为。

（4）湿热与静态载荷耦合作用时，接头失效载荷均随时间延长发生下降，随着载荷水平的增大，失效载荷下降速率和下降程度均增加。在高温高湿环境中，力学性能下降幅度明显大于高温环境。

（5）高温高湿老化时水分子不仅容易渗透到胶层与粘接基材的界面，而且渗入到粘接剂分子间的水分子与粘接剂发生降解或交联反应，导致大分子链断裂，使粘接性能下降。施加静态载荷时，胶层内部容易产生裂纹，水分子在裂纹内部容易扩散，加大了力学性能衰减速率。粘接接头的界面失效破坏和聚氨酯粘接剂本身的水解反应是失效强度降低的主要原因。

第**6**章

湿热与交变载荷耦合对接头力学性能的影响

6.1 引言

高速列车粘接结构容易受湿热环境影响引起老化，同时车辆在行驶过程中会受到来自多方面的动态交变载荷作用，其中有来自空气负压引起的气动载荷、动力总成的不平衡惯性载荷及源自传动系统的振动载荷等。交变载荷一方面容易引起粘接结构的疲劳失效，导致结构提前破坏；另一方面是长期交变载荷作用下粘接结构强度、刚度等性能下降。并且已有研究表明，在交变载荷作用下，当胶层处于较高应力状态时，环境中的侵蚀介质可能沿着微小裂纹更快渗透到材料内部，从而加剧粘接结构性能的退化。因此存在老化与交变载荷对粘接结构的耦合作用，两者之间形成一定程度的相互作用关系。环境因素和载荷共同作用是导致高速列车粘接结构最终失效的主要原因。

现有研究主要集中在湿热老化与交变载荷"顺序作用"方面，表现在湿热老化/交变载荷按照一定顺序先后进行，关于湿热与交变载荷耦合作用对粘接接头力学性能影响的研究仍较为缺乏。Li 等对粘接接头先后进行了疲劳加载以及干湿循环老化，发现长期交变载荷作用会诱发接头边缘发生界面损伤，导致干湿循环环境中溶液更容易渗透，加剧接头强度和刚度的下降。Wang 等发现经过载荷疲劳后的粘接结构在湿热环境中性能下降更为明显。交变载荷变化，粘接结构内部应力、应变随之改变，导致裂纹萌生、扩展以及最终断裂，从而出现疲劳失效。

为了研究湿热与交变载荷耦合作用对高速列车粘接结构性能的影响，本章在前文分析湿热与静态载荷耦合老化的基础上，制定了湿热与交变载荷耦合试验方案。在特定湿热环境下，选取高温（80℃）和高温高湿（80℃/95％RH）环境，施加不同载荷水平的交变载荷对粘接结构进行加载试验。选取两种典型应力状态的粘接接头进行试验，分别为对接接头和搭接接头。对不同加载周期后的粘接结构失效强度进行测试，获得失效强度随载荷水平与加载时间的变化规律，通过失效断面分析失效机理。通过方差分析，研究温度、湿度和载荷三种因素对接头强度的影响以及三者之间的交互作用。

6.2 试验装置与测试方法

6.2.1 湿热与交变载荷耦合试验测试

为了测试湿热与交变载荷耦合对粘接结构的影响，湿热耦合环境分别选取高温（80℃）和高温高湿（80℃/95%RH）环境，分别采用"GW"和"GWGS"表示。参考第4章的疲劳寿命曲线选取3个水平的交变载荷（200N、400N和600N），由粘接面积计算得到恒定应力为0.32MPa、0.64MPa和0.96MPa。交变载荷采用动态正弦波拉-拉循环载荷，应力比 r 取0.1。利用环境与载荷耦合试验装置，分别在两个环境中对粘接接头进行湿热与交变载荷耦合加载试验。在耦合试验开始前，先将粘接接头分别在两个环境中静置4h，待接头胶层达到环境条件后开始试验。在湿热环境中对粘接接头加载不同水平的交变载荷，取不同加载周期后的接头测试失效载荷，获得失效强度随老化环境、交变载荷水平与加载时间的变化规律。

为了分析湿热与交变载荷耦合对接头力学性能的影响，需要得到力学性能随时间的变化规律。发现，在两种环境下施加200N交变载荷时，接头发生断裂的时间较长，选取了384h（16d）作为最长试验周期，将其等分成0、96、192、288、384h（等同于0、4、8、12和16d）五个周期点。施加400N和600N交变载荷时，接头均在小于384h时发生断裂，以发生断裂时间作为最长周期，将其等分为五个周期点。

分别在两种情况下对接头进行力学性能测试：一是每个试验周期结束后将接头从试验装置取出，放置于常温环境下静置4h，待接头温度降至常温后进行准静态拉伸测试；二是每个试验周期结束后立刻将接头从环境与载荷耦合试验装置中取出，使用电子万能试验机与高温箱配合进行高温下的准静态拉伸测试，在高温下测试目的是得到接头发生断裂时其余接头的强度。准静态测试以5mm/min的拉伸速率，分别测试得到常温和高温时的载荷-位移曲线，分析不同作用周期后接头的失效载荷、失效位移和失效断面变化，同一试验条件和周期下重复做4次。试验测试方案如表6.1所示。

表6.1 试验方案

湿热环境	试验工况	施加交变载荷/N	老化周期/h	测试温度/℃
高温80℃	GW	0	0、96、192、288、384（等于0、4、8、12和16d）	20
	GW+200N	200		
高温高湿 80℃/95%RH	GWGS	0	0、96、192、288、384（等于0、4、8、12和16d）	20
	GWGS+200N	200		
高温80℃	GW+400N	400	以断裂时间为最长周期，将其等分为五个周期点	20
	GW+600N	600		20
	GW+400N-GW	400		80
	GW+600N-GW	600		80
高温高湿 80℃/95%RH	GWGS+400N	400	以断裂时间为最长周期，将其等分为五个周期点	20
	GWGS+600N	600		20
	GWGS+400N-GW	400		80
	GWGS+600N-GW	600		80

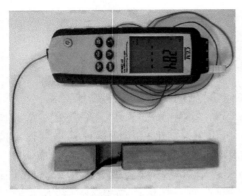

图 6.1　带热电偶的温度测量仪

6.2.2　载荷加载频率的选取

载荷加载频率直接影响试验时间和试验结果，疲劳频率过小时，试验时间会大大增加，而疲劳频率过大时，接头胶层的温度会发生较大的变化，导致胶层温度过高，在胶层内部产生热老化，进而影响粘接接头的疲劳寿命。因此，需要测定不同频率和不同载荷水平下粘接接头胶层内部温度变化，选取合适的疲劳频率，减小疲劳频率对试验的影响。参考标准 DIN EN ISO 9664：1995，胶层相对温度变化不能超过 10℃。选取 5Hz 和 10Hz 进行疲劳试验，施加的疲劳应力分别选 0.5MPa 和 2MPa。测试方法为制作粘接接头时，将 0.2mm 的热电偶提前放进胶层中间，等胶层完全固化后再进行疲劳测试，通过温度测试仪表记录胶层内部温度变化。测试装置如图 6.1 所示。

6.3　疲劳频率的影响

粘接接头选用聚氨酯粘接剂 Sikaflex®-265，粘接剂固化后为弹性体，而聚氨酯弹性体对交变载荷反应不够灵敏，有一定迟滞现象，因此试验过程中不宜选取过高的疲劳频率。同时，弹性粘接剂在受到交变载荷作用时有一部分能量被粘接剂内部的分子摩擦所消耗进而转变为热能，这会导致胶层内部温度上升，过高的疲劳频率会导致胶层内部温度上升过快。通过疲劳试验和测温试验，测试得到在不同疲劳频率和载荷作用下胶层内部温度变化值，如图 6.2 所示。

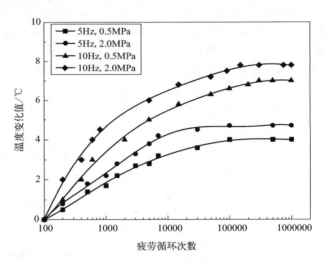

图 6.2　胶层温度随疲劳循环次数的变化曲线

发现，疲劳试验过程中胶层内部温度随着疲劳次数的增加而增大。与初始时胶层内部温度相比，在 5Hz 频率作用下施加 0.5MPa 进行 10^6 次载荷循环后，温度升高 4℃，而施加 2MPa 时温度升高了 4.7℃；然而 10Hz 频率作用下，施加 0.5MPa 进行 10^6 次载荷循环后，温度升高 7℃，而施加 2MPa 时温度升高了 7.8℃。

通过试验说明，相同载荷作用下，胶层内部温度随着疲劳频率的增大而变化明显。而相同疲劳频率作用下，随着疲劳载荷的增大，胶层内部温度变化幅度较小。并且粘接接头胶层内部温度随疲劳循环次数的增加先上升后趋于稳定，但是频率越低时，胶层内部温度变化幅度越小。5Hz频率作用时，在10^4次之前胶层内部温度变化较大，之后温度趋于稳定。而10Hz频率作用时，胶层内部温度在10^5次之前温度变化比较明显。5Hz频率作用时胶层内部温度变化幅度较小，并且胶层温度能在较短时间内稳定。因此，选用5Hz疲劳频率进行疲劳试验。

6.4 失效载荷分析

湿热与交变载荷耦合试验容易引起粘接接头的疲劳失效和强度退化，选取高温和高温高湿环境分别对粘接接头施加不同载荷水平的交变载荷，并在作用一定时间后对接头进行准静态拉伸测试，得到接头失效载荷，通过对数据进行归纳处理分析，得到失效载荷随时间的变化规律。

6.4.1 对接接头分析

在高温和高温高湿环境下进行空载老化和加载200N交变载荷老化测试，并在老化0、96、192、288、384h后进行力学性能测试，得到粘接接头失效载荷随时间的变化规律，如图6.3所示。

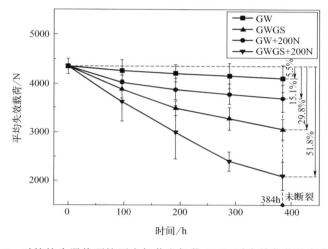

图6.3 对接接头湿热环境下未加载和加载200N时失效载荷的变化规律

发现，失效载荷变化规律与第5章中的湿热与静态载荷耦合老化规律相似，随着时间的延长失效载荷下降速率逐渐减小，但是失效载荷下降幅度有较大差别。在高温和高温高湿条件经过384h老化后，失效载荷分别下降了5.5%和29.8%。老化的同时引入静态载荷作用后，失效载荷分别下降了10.6%和38.2%，然而老化的同时引入交变载荷后，失效强度分别下降了15.1%和51.8%，下降幅度进一步增加了4.5%和13.6%。相比于老化或施加静态载荷后的粘接接头性能退化程度，湿热与交变载荷耦合作用下失效载荷下降幅度明显增大，说明耦合作用更加危险，不是单因素效果的简单叠加。

在高温环境下加载400N和600N交变载荷时，作用不同周期后对接头分别进行常温和高温下的准静态测试，得到失效载荷随时间的变化规律，如图6.4所示。由图可知，随着交变载荷水平的增加，接头发生失效断裂的时间明显减小，加载400N时80h后发生断裂，而加载600N时21h后发生失效断裂，远低于施加相同水平静态载荷时发生失效断裂的时间，说明相比于静态载荷，交变载荷明显加速粘接结构的失效。常温测试时，相比未老化，在400N和600N作用最大周期后失效载荷下降幅度分别为4.9%和6.7%，下降程度较小，下降趋势均为随时间延长下降速率逐渐增大。高温测试时，相比未老化，在400N和600N作用最大周期后失效载荷下降幅度分别为 10.6％和 15.9％，下降幅度要偏高于常温条件，下降速率几乎呈线性。

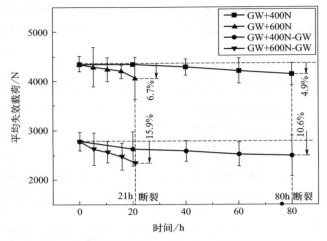

图 6.4　对接接头高温条件下加载 400N 和 600N 时失效载荷的变化规律

　　为了与高温环境进行对比，进一步在高温高湿环境下对接头分别施加 400N 和 600N 的交变载荷，作用不同周期后分别测试常温和高温下的准静态力学性能，得到失效载荷随时间的变化规律，如图 6.5 所示。发现，高温高湿环境中加载 400N 时 22h 后发生断裂，加载 600N 时 5h 后断裂，与高温环境相比，在高温高湿环境中接头发生断裂的时间明显缩短，并且失效载荷下降幅度增大。相比未老化，接头在 400N 和 600N 作用最大周期后在常温测试时失效载荷分别下降了 10.2％和 10.8％，下降趋势几乎呈线性，而在高温测试时失效载荷下降幅度分别为 15.9％和 18.0％，失效载荷下降速率随时间延长而逐渐增大。

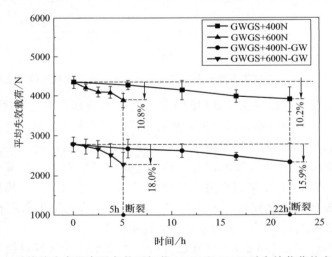

图 6.5　对接接头高温高湿条件下加载 400N 和 600N 时失效载荷的变化规律

　　由试验说明，高温高湿环境加速了接头力学性能的退化，这是由于高温高湿条件下水分的侵入导致接头中微小缺陷的影响更加明显，裂纹容易无规则地形成和扩展，从而增加了接头加载过程中的不稳定性。

6.4.2　搭接接头分析

　　同样在高温和高温高湿环境中，对搭接接头进行老化（空载）和加载 200N 交变载荷试验，得到平均失效载荷随时间的变化规律，如图 6.6 所示。发现，不同条件时平均失效载荷均呈下降趋势，开始时下降速率均较大，且随着时间延长下降速率逐渐减小，但是下降速率和幅度有差别。在高温和高温高湿条件下经过 384h 老化后，失效载荷分别下降了 5.6% 和 36.8%。高温和高温高湿环境条件下，同时施加 200N 交变载荷作用后，失效载荷分别下降了 21.7% 和 55.8%，对比第 5 章中施加 200N 静态载荷时失效载荷分别下降 11.0% 和 42.9%，下降幅度进一步增加了 10.7% 和 12.9%。说明，与单独老化或施加静态载荷相比，环境与交变载荷耦合作用时失效载荷下降幅度更加明显。

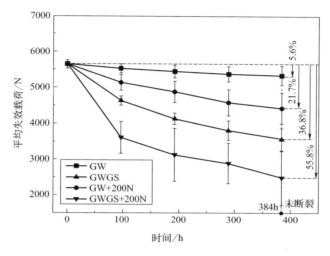

图 6.6　搭接接头湿热环境下未加载和加载 200N 时失效载荷的变化规律

为了分析搭接接头在高温环境下施加不同载荷水平时力学性能的变化，在高温环境下分别加载 400N 和 600N 交变载荷，对作用不同周期后的接头分别进行常温和高温下的准静态测试，得到失效载荷随时间的变化规律，如图 6.7 所示。发现，随着交变载荷水平的增加，发生失效断裂的时间明显缩短。加载 400N 时 20h 后发生断裂，加载 600N 时 2.3h 后发生断裂。然而施加相同载荷水平静态载荷时发生断裂的时间分别为 240h 和 40h，进一步说明交变载荷明显加速了粘接结构的失效。

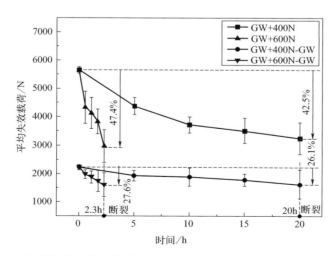

图 6.7　搭接接头高温环境下加载 400N 和 600N 时失效载荷的变化规律

并且发现，在常温测试时，在 400N 和 600N 作用最大周期后失效载荷分别下降了 42.5% 和 47.5%，下降幅度大，随时间延长下降速率逐渐减小，在即将发生断裂时下降也比较明显。高温测试时，在 400N 和 600N 作用最大周期后失效载荷分别下降了 26.1% 和 27.6%，下降幅度小于常温条件，几乎呈线性下降趋势。同时发现，随着载荷水平的增大，接头失效载荷下降速率和下降程度均明显变大。由于发生断裂时间较短，导致高温测试时接头的失效载荷下降幅度均低于常温条件。

为了与高温环境对比，在高温高湿环境下同样加载 400N 和 600N 交变载荷，作用不同周期后分别进行常温和高温下的准静态力学性能测试，得到失效载荷随时间的变化规律，如图 6.8 所示。发现，高温高湿环境中分别加载 400N 和 600N 时，发生失效断裂的时间很短，400N 时 0.65h 后发生断裂，而 600N 时 0.16h 后发生断裂。与高温环境相比，在高温高湿环境中接头发生断裂的时间明显缩短，并且数据离散度增大。相比未老化，常温测试时 400N 和 600N 作用最大周期后失效载荷分别下降了 42.7% 和 48.4%，失效载荷下降明显，高温测试时失效载荷分别下降了 24.1% 和 44.7%，均呈线性下降趋势。

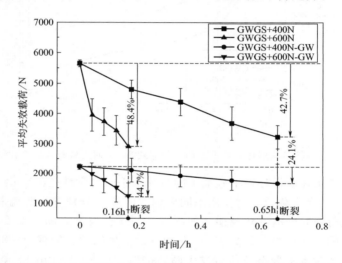

图 6.8　搭接接头高温高湿环境下加载 400N 和 600N 时失效载荷的变化规律

综上所述，在湿热环境下，与施加静态载荷相比，施加交变载荷作用时接头发生断裂时间明显缩短，主要是交变载荷加快了接头内部的裂纹扩展速率，产生疲劳失效，导致接头加速断裂。在湿热与交变载荷耦合作用时接头容易发生失效断裂，然而对断裂后的其他接头进行高温下测试时，发现失效载荷均大于所施加的交变载荷，也说明交变载荷引起了粘接接头的疲劳断裂。

6.5　失效强度衰减预测模型

6.5.1　对接接头分析

为了获得对接接头失效强度随时间的变化规律，通过 6.4.1 小节中的失效载荷计算得到失效强度。根据失效强度的变化趋势，使用指数函数对数据进行拟合处理，拟合曲线和函数表达式如表 6.2 和图 6.9 所示。残差平方和（RSS）和拟合优度（R^2）是反映精度的评价参数。从表 6.2 中发现拟合优度 R^2 均高于 0.99 并且 RSS 较小，说明接头失效强度均符合指数函数衰减规律，线性拟合能够得到满意的拟合精度。

表 6.2　对接接头拟合曲线

老化环境	交变载荷/N	测试温度/℃	拟合函数	RSS	R^2
高温 80℃	0	20	$y=6.12+0.84\mathrm{e}^{-0.0016x}$	0.001	0.995
	200		$y=5.85+1.12\mathrm{e}^{-0.0062x}$	0.013	0.993
	400		$y=7.05-0.077\mathrm{e}^{0.022x}$	0.005	0.980
	600		$y=7.09-0.13\mathrm{e}^{0.067x}$	0.010	0.944
	400	80	$y=3.88+0.57\mathrm{e}^{-0.021x}$	0.005	0.980
	600		$y=-14.66+19.09\mathrm{e}^{-0.0017x}$	0.013	0.973
高温高湿 80℃/95%RH	0	20	$y=4.06+2.91\mathrm{e}^{-0.0033x}$	0.027	0.997
	200		$y=1.15+5.82\mathrm{e}^{-0.0026x}$	0.052	0.998
	400		$y=8.34-1.36\mathrm{e}^{-0.021x}$	0.033	0.968
	600		$y=8.55-1.58\mathrm{e}^{-0.077x}$	0.172	0.886
	400	80	$y=4.82-0.38\mathrm{e}^{-0.049x}$	0.012	0.983
	600		$y=4.54-0.092\mathrm{e}^{-0.046x}$	0.001	0.998

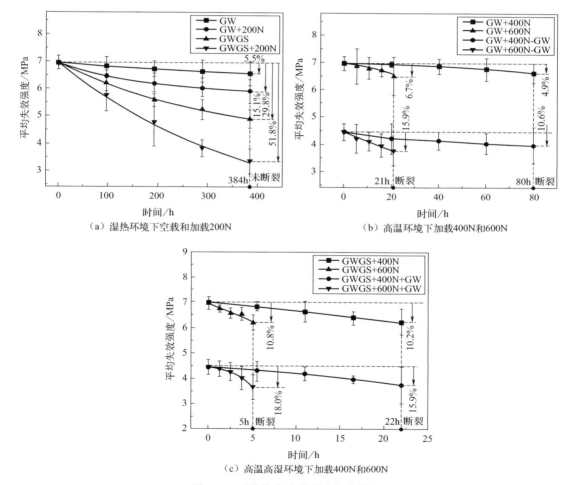

（a）湿热环境下空载和加载200N

（b）高温环境下加载400N和600N

（c）高温高湿环境下加载400N和600N

图 6.9　对接接头失效强度拟合曲线

6.5.2　搭接接头分析

同样，为了获得搭接接头失效强度随时间的变化规律，通过 6.4.2 小节中的失效载荷计算得到失效强度。使用指数函数对数据进行拟合处理，搭接接头失效强度的拟合曲线和函数表达式如表 6.3 和图 6.10 所示。

表 6.3　搭接接头拟合曲线

老化环境	交变载荷/N	测试温度/℃	拟合函数	RSS	R^2
高温 80℃	0	20	$y=8.31+0.73e^{-0.003x}$	0.001	0.999
	200		$y=6.50+2.53e^{-0.0038x}$	0.022	0.995
	400		$y=5.05+3.99e^{-0.14x}$	0.023	0.999
	600		$y=3.99+5.05e^{-0.61x}$	0.529	0.954
	400	80	$y=2.78-0.78e^{-0.17x}$	0.046	0.972
	600		$y=2.32+1.24e^{-0.58x}$	0.035	0.977
高温高湿 80℃/95%RH	0	20	$y=5.47+3.56e^{-0.0062x}$	0.057	0.998
	200		$y=4.29+4.74e^{-0.012x}$	0.076	0.995
	400		$y=0.96+8.07e^{-0.99x}$	0.084	0.994
	600		$y=5.20+3.84e^{-25.29x}$	0.758	0.991
	400	80	$y=4.05-0.49e^{1.68x}$	0.027	0.985
	600		$y=13.93-10.37e^{0.88x}$	0.004	0.998

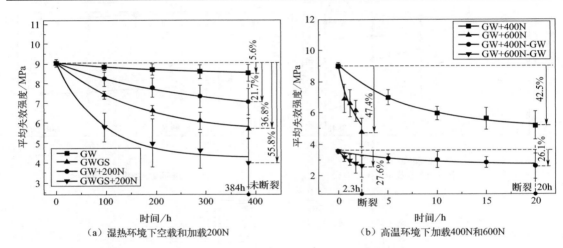

（a）湿热环境下空载和加载200N　　　　（b）高温环境下加载400N和600N

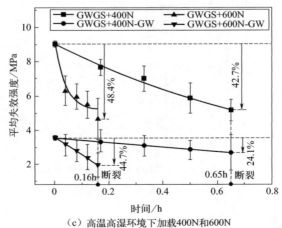

（c）高温高湿环境下加载400N和600N

图 6.10　搭接接头失效强度的拟合曲线

同样发现，随着载荷水平增加，搭接接头失效强度下降速率逐渐增大。通过拟合公式分析发现接头失效强度均符合指数函数衰减规律，进行线性拟合能够得到满意的拟合精度，得到了失效强度衰减预测模型。

6.6 失效断面及失效机理分析

6.6.1 对接接头分析

为了确定温度、湿度与交变载荷耦合作用下粘接结构的失效机理，可从宏观到微观尺度研究聚氨酯粘接接头的复杂断裂行为，通过研究老化失效过程中的表观形貌、微观结构以及界面的变化，分析不同环境因素的影响。

分析湿热与交变载荷耦合对接头失效行为的影响，得到高温和高温高湿条件时分别加载0N、200N、400N和600N时的典型失效断面图，如图6.11所示，接头均在常温条件下进行准静态测试。加载0N和200N时取老化384h时的失效断面，高温环境分别与400N、600N载荷耦合作用80h和21h时接头发生断裂，高温高湿环境分别与400N、600N载荷耦合作用22h和5h时发生断裂，取最大老化周期时失效断面进行分析，发现接头失效断面形貌出现明显变化。

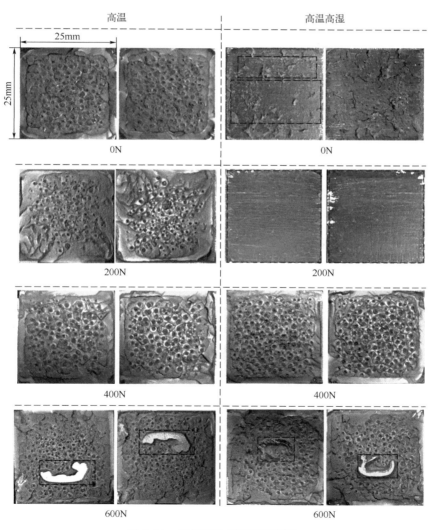

图 6.11　对接接头宏观断面形貌

由图 6.11 可以发现，高温与交变载荷耦合时失效断面主要为内聚失效，加载 600N 时发生小范围的界面失效。然而高温高湿与 200N 载荷耦合作用时发生了明显的界面失效，这是因为水分子的渗透导致胶层发生溶胀、增塑作用，产生界面应力。而交变载荷能促使水分子渗入粘接剂/粘接基材表面，在胶层与基材界面形成水分子组成的弱界面层，破坏粘接剂分子与金属基材所形成的化学键和范德华力，导致界面失效，造成粘接剂的粘接性能下降。

同时由图 6.11 发现，高温高湿条件下接头更容易发生界面失效，尤其是空载和加载 200N 时变化最明显。为了对比高温高湿条件下加载 0N、200N 静态载荷和 200N 交变载荷时失效形式的变化，通过计算失效断面中界面失效和内聚失效所占比例，得到失效形式随老化时间的占比柱状图，如图 6.12 所示。发现随时间增加，界面失效所占比重逐渐增加，高温高湿环境容易引起界面破坏，施加静态载荷进一步加剧了影响，而施加交变载荷后影响更加明显。

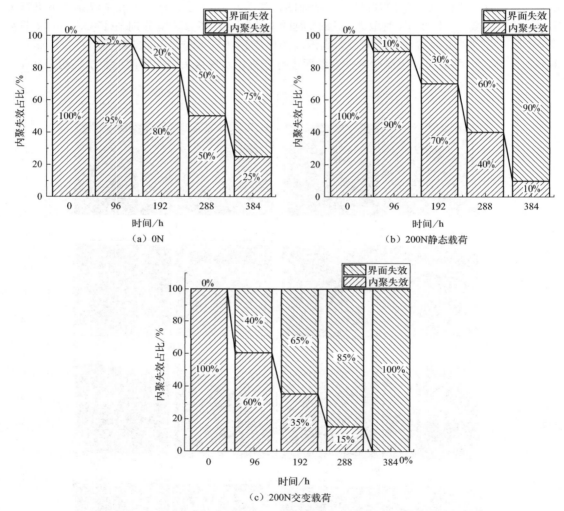

图 6.12　对接接头高温高湿条件下加载 0N、200N 静态载荷、
200N 交变载荷时失效断面的变化规律

为了进一步分析接头的失效机理，对湿热与交变载荷耦合作用下的失效断面进行微观形貌测定。通过 SEM 对图 6.11 中的失效断面进行高倍数（1000×）分析，分别得到高温、高温高湿与 0N、200N、400N 和 600N 载荷耦合作用下的微观断面，如图 6.13 所示。

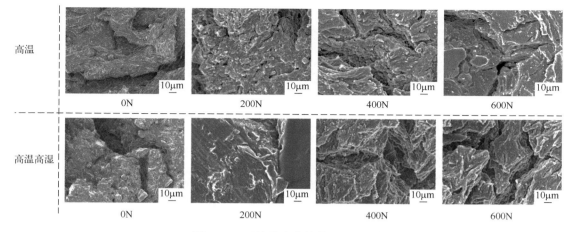

图 6.13　对接接头失效断面 SEM 图

由图 6.13 可以发现，粘接剂在高温和高温高湿条件下加载 0N 和 200N 时，老化周期较长，水分子促使聚氨酯粘接剂的分子结构发生变化，粘接剂的分子链发生了降解，微观断面出现微小颗粒和裂纹，并且高温高湿条件下加载 200N 交变载荷后失效断面出现明显的界面失效微观特征。然而施加 400N 和 600N 时，由于施加的载荷水平增大，接头会在较短周期内发生失效断裂，导致在微观断面中出现明显的裂纹。

6.6.2　搭接接头分析

为了对比分析湿热与交变载荷耦合作用对失效断面的影响，得到高温和高温高湿条件下分别加载 0N、200N、400N 和 600N 交变载荷时的典型失效断面图，如图 6.14 所示，上述接头均在常温条件下进行准静态测试。加载 0N 和 200N 时取老化 384h 时的失效断面，而加载 400N 和 600N 时取最大老化周期的失效断面。

由图 6.14 可以发现，高温与交变载荷耦合时失效断面主要为内聚失效，未加载时断面形貌较为光滑，随着载荷水平增加，观察到失效断面出现明显撕裂形貌，Banea 等也发现了类似的结论。高温高湿条件，有利于湿气在粘接胶层内部的扩散。失效断面形貌发生显著变化，边缘区域更容易出现界面失效，这是由于在应力作用下边缘更容易出现裂纹，加速了湿气从胶层边界扩散到内部，减弱了粘接剂与粘接基材之间的结合力。

为了分析失效机理，对湿热与交变载荷耦合作用下的失效断面进行微观形貌测定，对图 6.14 中的典型失效断面用 SEM 进行高倍数（1000×）分析，分别得到高温、高温高湿与 0N、200N、400N 和 600N 交变载荷耦合下的微观断面，如图 6.15 所示。发现，微观断面没有孔洞，只有微裂纹。施加交变载荷时，胶层受载荷作用容易产生裂纹，加速了水分的扩散。说明粘接胶层内部的微裂纹经受交变载荷的作用，在一定程度上加速了水分子的扩散。交变载荷加快了接头内部的裂纹扩展速率，产生疲劳失效，导致接头加速断裂。

通过对接头失效断面的微观形貌进行归纳分析，发现湿热-载荷耦合作用时间越长，粘接剂的水解越明显，造成粘接剂失效断面发生明显变化。帮助我们验证了一些有价值的结论：粘接接头的界面失效破坏和聚氨酯粘接剂本身的水解反应是粘接接头强度降低的主要原因。高温高湿环境作用时水分子不仅容易渗透到胶层与粘接基材的界面，界面粘接层发生体积膨胀，导致接头产生内应力集中，容易出现裂纹，促使发生界面破坏，而且渗入到粘接剂分子间的水分子与粘接剂发生降解反应，导致接头性能恶化。并且高温时的温度远高于粘接剂的 T_g，粘接剂的黏弹特性明显，施加载荷时容易引起结构的过度变形产生失效，导致发

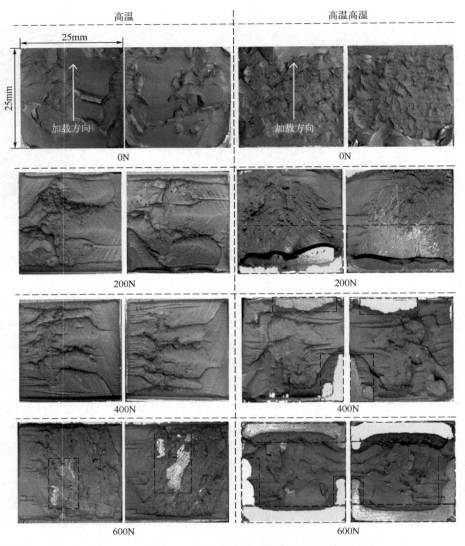

图 6.14　搭接接头宏观断面形貌

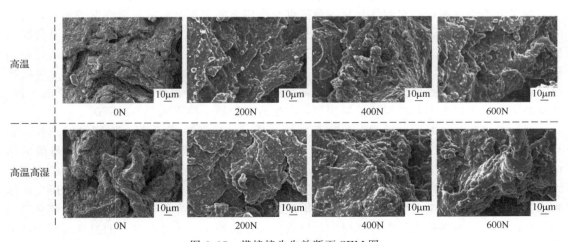

图 6.15　搭接接头失效断面 SEM 图

生失效断裂时间较短。接头失效断面形貌特征和失效强度变化趋势相符,这为失效强度降低提供了失效机理的合理解释。

6.7 环境因素相关性分析

聚氨酯粘接剂在不同环境因素下的老化失效行为表现不同,如温度、湿度、静态载荷和交变载荷等单一或者耦合环境因素对其性能影响有所差异。我国大气环境具有复杂性与多样性,因此评价聚氨酯粘接接头老化失效行为与环境因素相关性具有重要意义。

为了量化地分析湿热老化环境、湿热环境与静态载荷耦合、湿热环境与交变载荷耦合对粘接接头性能的影响,通过方差分析法,建立方差统计模型,研究不同环境因素与粘接接头失效行为的相关性。选取六种作用工况(GW、GW+200N 静态载荷、GW+200N 交变载荷、GWGS、GWGS+200N 静态载荷、GWGS+200N 交变载荷)。采用 SPSS 19 数据分析软件对六种工况下接头强度进行方差分析,研究温度、湿度和载荷三种因素对接头强度的影响以及三者之间的交互作用。

通过对结果进行方差分析,可以有效地鉴别各种影响因素对研究对象的影响大小,定量研究一个或者多个自变量对因变量的作用。方差分析是根据样本的总偏差平方和、各因素的偏差平方和,以及误差的偏差平方和,进行显著性分析。对接接头和搭接接头的统计结果分别如图 6.16 和图 6.17 所示。其中 F 值表示因素对结果的影响程度,F 值越大,表示影响结果越明显;P 为检验统计量的概率值,当 P 值小于显著性水平时(通常取 0.05),则表明因素存在显著性影响,否则表示影响不显著。

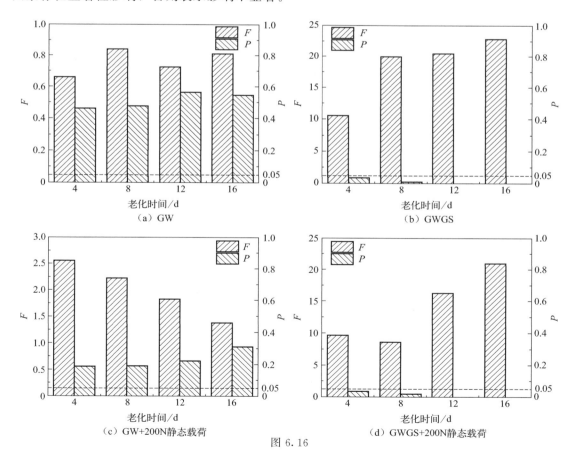

图 6.16

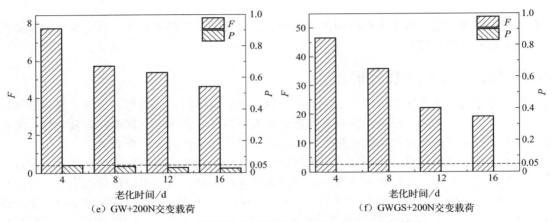

（e）GW+200N交变载荷　　　　　　　　（f）GWGS+200N交变载荷

图 6.16　对接接头湿热与载荷耦合老化的方差分析结果

由图 6.16 的对接接头分析计算，可以发现 GW 和 GW＋200N 静态载荷耦合环境对接头失效强度影响不显著，而 GW＋200N 交变载荷耦合环境对失效强度会产生一定影响，且随着时间的增加环境影响程度愈加显著，说明施加交变载荷会对接头失效强度产生显著影响。这是因为对接接头受到 GW 与交变载荷耦合作用时，在粘接剂中出现微小裂纹，随作用时间延长裂纹逐渐扩展。同时，GWGS 对接头失效强度影响显著，在老化环境中湿度远比温度对接头强度的影响明显，另外施加静态载荷和交变载荷后，发现施加交变载荷要比静态载荷的效果好，也就是说，GWGS＋200N 交变载荷耦合作用对接头强度的影响要大于 GWGS和 GWGS＋200N 静态载荷耦合。

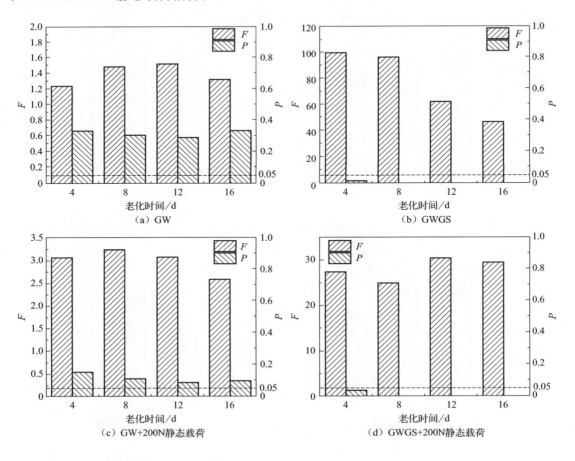

（a）GW　　　　　　　　　　　　　　　（b）GWGS

（c）GW+200N静态载荷　　　　　　　　（d）GWGS+200N静态载荷

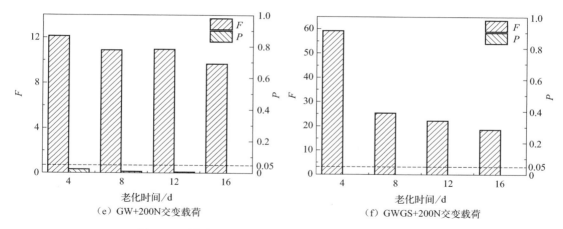

（e）GW+200N交变载荷　　　　　　　　　（f）GWGS+200N交变载荷

图6.17　搭接接头湿热与载荷耦合老化的方差分析结果

由图6.17的搭接接头分析计算，通过 F 值的大小可以判断：在试验初期，GWGS+交变载荷耦合工况对失效强度的影响大于 GWGS+静态载荷耦合，8d 以后，静态载荷和交变载荷对失效强度的影响无明显差别。同样可以发现，GWGS+200N 交变载荷耦合作用对接头失效强度影响显著，这主要是因为接头在交变载荷作用下，粘接界面处受到循环拉伸载荷作用容易产生微小孔隙，促进水分子的扩散作用，减弱粘接剂与粘接基材之间的结合力。

6.8　本章小结

本章重点研究了湿热环境与交变载荷耦合作用对接头性能的影响，分别在高温（80℃）和高温高湿（80℃/95％RH）环境中，对粘接接头进行不同交变载荷水平作用下的加载试验。对不同加载周期后的接头测试失效载荷，获得失效强度随载荷水平与加载时间的变化规律。利用 SEM 分析湿热环境与交变载荷耦合对失效机理的影响。通过方差分析，研究温度、湿度和载荷三种因素对接头强度的影响以及三者之间的交互作用。得到如下结论：

（1）在相同疲劳载荷作用下，胶层内部温度随着疲劳频率的增大而变化明显。但是频率较低时，胶层内部温度变化不明显。在同一疲劳频率作用下，随着疲劳载荷的增大，胶层内部温度变化幅度较小。

（2）相比于老化或施加静态载荷后的老化，湿热与交变载荷耦合作用下失效载荷下降幅度明显增大，说明耦合作用是一种更加危险的工况，不是单因素效果的简单叠加。

（3）在湿热环境下，与施加静态载荷相比，施加交变载荷作用时接头发生断裂的时间明显缩短，主要是交变载荷加快了接头内部的裂纹扩展速率，产生疲劳失效，导致接头加速断裂。

（4）湿热与交变载荷耦合作用后的接头失效强度均符合指数函数衰减规律，线性拟合能够得到非常满意的拟合精度，建立了失效强度衰减预测模型。

（5）高温高湿与交变载荷耦合作用时容易发生界面失效，这是因为水分子的渗透导致胶层发生溶胀、增塑作用，产生界面应力。而交变载荷能促使水分子渗入粘接剂/粘接基材界面，在胶层与基材界面形成水分子组成的弱界面层，破坏粘接剂分子与金属基材所形成的化学键和范德华力，导致界面失效。

第**7**章

高速列车粘接结构的寿命预测方法

7.1　引言

高速列车在行驶过程中，受环境影响产生老化，同时在穿越隧道、列车交汇和靠站停车等工况的循环过程中，车窗粘接结构受气动负压循环引起的交变载荷作用。由于气动负压交变载荷与车速的平方成正比，随着高速列车的提速，粘接结构所受的负压交变载荷呈几何倍数增加。在外部动态载荷长期激励下发生疲劳破坏是粘接结构失效常见的一种方式，同时环境温度、湿度对粘接结构疲劳性能存在显著的影响。粘接剂作为高分子材料，在使用过程中受温度、湿度和载荷等因素作用，会发生老化和疲劳，导致粘接性能逐渐下降，不能满足使用要求，甚至完全破坏，因此对粘接结构强度进行寿命预测显得尤为重要。韩啸等采用完全耦合分析方法对粘接接头的湿-热-力联合环境退化行为进行建模仿真，并且 Wang 等对退化后的接头力学性能进行了预测。

大量研究显示环境变化对粘接结构性能影响明显，而且高速列车实际服役过程中粘接结构会经常承受动态载荷的作用，环境与动态载荷的耦合作用明显影响粘接性能。目前关于列车粘接结构寿命预测方法的研究相对较少，且研究方法具有一定的局限性，很少通过环境和动态载荷耦合试验来预测评估粘接结构强度，尤其缺少结合人工加速老化与实车自然老化来进行粘接结构寿命预测的相关研究。研究表明，如果人工加速老化试验条件选择比较恰当，选取的评价指标能基本反映该材料老化破坏的规律性，终止指标定得比较合理，就有可能找到加速老化和自然老化两者相对应的关系，从而求出比较符合实际的变化系数。

本章根据高速列车工作环境综合分析导致结构失效的主要因素，以武汉-广州线为例，设计人工加速老化试验，在不改变结构失效机理的前提下，通过强化试验条件加快结构内部物理和化学变化，加速结构失效，在较短时间周期内达到与若干年相同的结果。考虑列车在行驶过程中环境和载荷因素对车窗粘接结构的影响，建立合适的温度-交变载荷耦合循环谱，对粘接接头进行试验，并对材料的剩余强度、失效模式及关键表征性能进行研究分析。结合人工加速老化和实车自然老化的强度衰减曲线，建立载荷循环次数与实车行驶里程的对应函数关系，进而对实车粘接结构强度进行寿命预测。

7.2 建立湿热与载荷耦合循环谱

首先针对高速列车组在特定线路上的实际运行环境，分析影响车窗粘接结构强度的主要环境因素，确定湿热老化循环方案，建立初步的湿热循环谱。基于《轨道车辆与轨道车辆部件的粘接》（DIN6701-2：2015-12）的耐候性试验条件（如图7.1所示），以武汉-广州线为条件制定循环谱。根据线路每年的温度记录，选取车窗粘接结构温度变化范围-20~80℃，并且由于车窗粘接区域外侧使用密封胶，湿度影响小，因此选择50%的相对湿度。对图7.1中VWP1200交变气候测试条件的循环幅值进行改进，建立符合车窗粘接结构的湿热耦合循环谱，如图7.2所示。

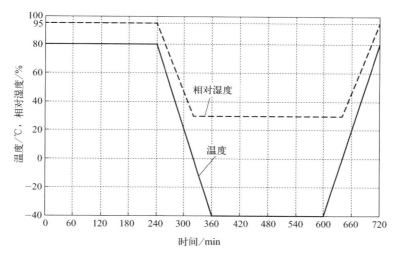

图 7.1　VWP1200 交变气候测试条件

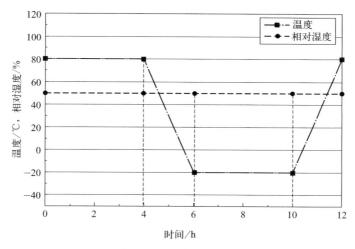

图 7.2　湿热耦合循环谱

同时，列车在实际运行过程中需要经常穿越隧道和停靠站，并且穿越隧道工况是车窗粘接结构的危险工况，车窗内外气动压力差交替变化致使粘接结构受交变载荷作用。从相关资料中获取列车组行驶全程停靠站数和穿越隧道数，由于隧道数量远大于高铁站总数，在绘制交变载荷循环谱时，为了简化交变载荷加载流程，应遵循最有利于缩短试验周期的原则，将停靠站工况的负压载荷忽略。因此在确定气动均布载荷循环曲线的波形时，对循环加载曲线进行简化，只考虑高速列车组穿越隧道工况时车窗粘接结构的气动均布载荷变化。

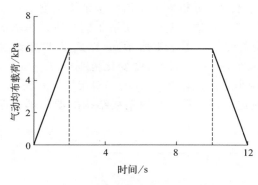

图 7.3 气动均布载荷循环谱

基于标准《铁路应用—轨道车身的结构要求》（BS EN 12663：2010），参考武汉-广州线中隧道危险工况的资料，根据隧道工况、通过隧道的时间和气动均布载荷，建立车窗粘接结构的气动均布载荷循环谱（见图 7.3），其中通过一座隧道时间为 8s，加载和卸载时间均为 2s，隧道危险工况中粘接结构受垂直于窗体向外的气动均布载荷 6kPa。

结合上述车窗粘接结构的湿热耦合循环谱和气动均布载荷循环谱，建立得到温度-气动均布载荷耦合循环谱，如图 7.4 所示。其中温度循环周期为 12h，而气动均布载荷循环周期为 12s，则温度循环 1 周期载荷循环 3600 周期。

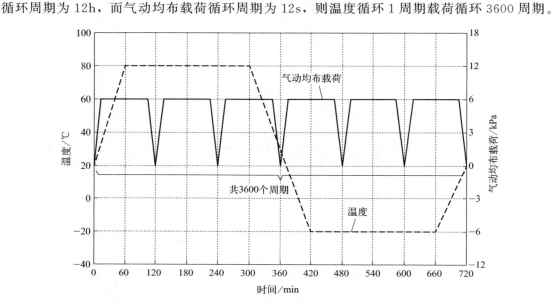

图 7.4 温度-气动均布载荷耦合循环谱

7.3 建立人工加速老化试验方案

7.3.1 仿真模型建模及有限元分析

以 CRH3 型动车为例，建立高速列车组车体及车窗的有限元分析模型，按照中车唐山轨道客车有限公司提供的车体 CAD 模型（图 7.5），建立车体有限元模型如图 7.6 所示。其

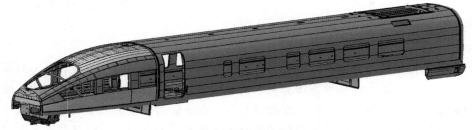

图 7.5 高速列车车体 CAD 模型

中车体骨架、车窗和玻璃采用壳单元，单元平均尺寸为 10mm，粘接剂采用八节点六面体实体单元，车体骨架、车窗和粘接剂单元之间采用共节点的形式连接。节点数量为 1874525个，单元数量为 2671309 个。车体骨架和车窗采用铝合金 6005A，粘接剂采用 Sikaflex®-265，玻璃为钢化玻璃，具体材料属性参数见表 7.1。

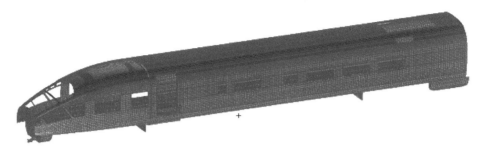

图 7.6　高速列车车体骨架有限元模型

表 7.1　材料属性参数

属性参数	6005A	Sikaflex®-265	钢化玻璃
密度/(kg/m³)	2700	1500	2500
泊松比	0.30	0.45	0.2
弹性模量/MPa	7.0×10^4	5.2	7.2×10^4

列车在运行过程中会受到车厢内外气压差以及车体变形引起的作用力，车窗通过粘接剂和螺钉固定在车体骨架上，车窗与车体之间采用弹性粘接剂传递载荷。对车体结构和车窗进行有限元分析计算，发现不考虑车体变形时车窗粘接结构胶层应力高于考虑车体变形时的胶层应力，因此忽略车体变形对车窗粘接结构的影响。选取隧道工况 6kPa 气动均布载荷作为加载工况，即粘接结构受垂直于窗体向外的 6kPa 气动均布载荷，对车窗粘接结构进行有限元分析，计算车窗粘接胶层最危险工作应力。由于进出隧道时气动均布载荷主要产生正应力，而剪应力对胶层影响比较小。采用 MSC.NASTRAN 求解器进行仿真分析，得到车窗粘接剂单元的应力云图（如图 7.7 所示），其中粘接剂单元最大正应力为 0.52MPa。

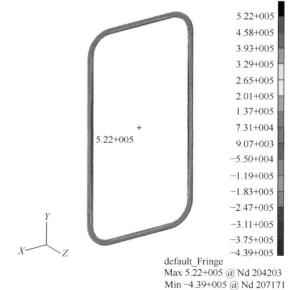

default_Fringe
Max 5.22+005 @ Nd 204203
Min −4.39+005 @ Nd 207171

图 7.7　车窗粘接剂单元的正应力分布云图

7.3.2　人工加速老化试验谱的制定

根据图 7.7 中仿真分析计算所得粘接剂胶层最大正应力，计算需要施加到粘接接头的交变载荷幅值 F，计算公式为：

$$F = \sigma A = 325\text{N} \qquad (7.1)$$

式中，σ 是车窗粘接剂单元最大正应力；A 是胶层的粘接面积，取 25mm×25mm。

基于计算得到的粘接接头交变载荷幅值和图 7.4 的温度-气动均布载荷耦合循环谱，建立适用于粘接接头的人工加速老化试验循环谱（如图 7.8 所示）。其中温度循环周期为 12h，而交变载荷循环周期为 12s，则温度循环 1 周期交变载荷循环 3600 周期。

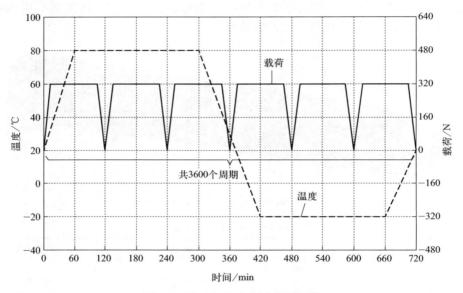

图 7.8　人工加速老化试验循环谱

7.4　粘接接头制备及测试方法

7.4.1　粘接接头制作

本章选用 CRH3 型动车上使用的单组分聚氨酯胶 Sikaflex®-265，因为车窗粘接结构主要受气动均布载荷产生的拉力，故选取对接接头研究拉伸应力状态下的粘接性能。高速列车组车体材料为铝合金 6005A，而车窗是经过阳极特殊处理后的铝合金。为简化粘接工艺，本书将阳极处理铝合金设计成 1mm 厚的方形片材，放置于中间与粘接剂、铝合金基材组成完整的粘接接头，具体粘接接头形式如图 7.9 所示。铝合金对接接头总体尺寸是 25mm×

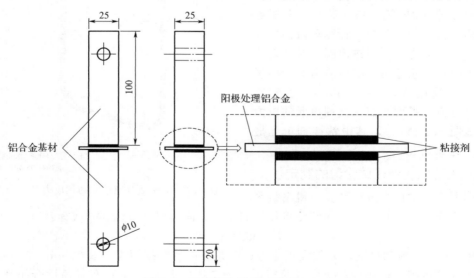

图 7.9　对接接头设计（单位：mm）

25mm×203mm（长、宽、高），其中粘接表面尺寸为 625mm²，胶层厚度为 1mm。试样是在无尘、稳定的环境（温度为 25℃±5℃，湿度为 50%±5%）下制备的，粘接工艺与第 2 章相同。

7.4.2 加速老化试验装置及测试

针对人工加速老化试验谱的试验要求，设计加工环境-载荷耦合试验装置（见图 7.10），该装置由疲劳加载装置、湿热环境箱、显示器、控制箱及液压油泵等组成。湿热环境箱可以控制温度稳定度为 ±0.5℃，湿度稳定度 ±2%。装置能同时对多个粘接接头进行人工加速老化试验，采用杠杆结构将多个粘接接头并联，通过液压缸实现加载，保证每个接头所受交变载荷大小与方向相同。最重要的能够通过控制器设置交变载荷循环曲线的波形、周期和频率等参数，可根据特殊试验要求对载荷循环谱进行编程，通过显示器实时监控交变载荷循环曲线的变化情况。

图 7.10　环境-载荷耦合试验装置

根据人工加速老化试验谱，通过环境-交变载荷耦合试验装置对粘接接头进行加速老化试验，得到粘接接头发生断裂时交变载荷的最大循环次数 Q_N，确定 0 到最大循环次数的试验组数 N 及每组试验循环次数 Q_1、Q_2、$\cdots$、Q_N。按照粘接接头加速老化试验载荷谱分别对 N 组粘接接头进行不同交变载荷循环次数的人工加速老化试验。

对粘接接头进行人工加速老化循环试验时，通过大量试验发现接头在交变载荷循环 1.08×10^5 次（等同于温度循环 30 周期）后基本失效。因此将试验周期划分为载荷循环 0 次（初始）、3.60×10^4 次、7.20×10^4 次和 1.08×10^5 次（分别对应温度循环 0 周期、10 周期、20 周期和 30 周期）四个阶段。同时选取相同数量的粘接接头进行空载的温度循环老化试验，与温度-交变载荷耦合循环试验后的剩余强度及失效形式等关键性能进行对比研究。

进行人工加速老化循环试验时，每隔几个周期取出一组粘接接头装在电子万能试验机上，在常温条件下对接头进行准静态拉伸测试。粘接接头的两端通过类万向节结构与试验机相连，可以消除非轴向作用力。以 5mm/min 的恒定速度拉伸接头直至破坏，记录粘接接头的载荷-位移曲线和失效形式，每种类型的试验重复 8 次。试验结束后，排除个别无效的试验数据并取每组试验数据的平均值作为该试验周期粘接接头的平均失效强度。

7.5 试验结果与分析

7.5.1 破坏强度曲线及衰减规律

将粘接接头的力学性能测试数据进行统计处理，分别得到粘接接头温度循环不同周期和温度-交变载荷耦合循环不同周期后的载荷-位移曲线（见图 7.11）。由图 7.11(a) 可以发现，随着温度循环周期增加，接头失效强度逐渐减小，而失效位移逐渐增大，老化后粘接剂韧性增强。由图 7.11(b) 可以发现，随着温度-交变载荷耦合循环周期增加，接头的失效载荷值同样也逐渐减小，而失效位移明显增大，说明温度-交变载荷耦合作用下粘接剂韧性明显增强。

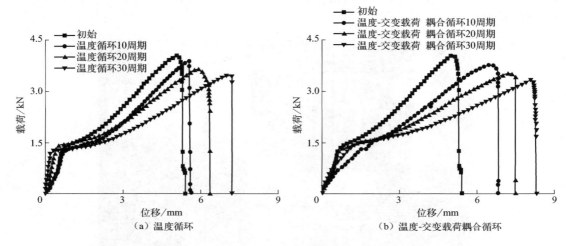

图 7.11　载荷-位移曲线

发生上述现象的主要原因是粘接剂在温度-交变载荷耦合作用下发生性能衰退。还因为温度交替变化，热胀冷缩往复不断地进行，同时受外界载荷的影响，粘接剂内部应力状态发生变化，导致粘接剂变形，破坏了粘接剂与粘接基材的附着力，从而造成粘接性能下降。

对上述试验数据进行统计分析，建立人工加速老化条件下接头剩余强度与交变载荷循环次数之间的函数关系曲线，得到温度循环不同周期和温度-交变载荷耦合循环不同周期后的剩余强度衰减折线，如图 7.12 所示。

发现在温度循环试验后，与 0 周期时接头初始强度相比，在循环 10 周期、20 周期和 30 周期后接头剩余强度下降幅度分别为 11.6%、15.9% 和 20.7%；而温度-交变载荷耦合循环对接头剩余强度影响更明显，与载荷循环 0 次时的初始强度相比，在交变载荷循环 3.60×10^4 次、7.20×10^4 次和 1.08×10^5 次时（分别对应温度循环 10 周期、20 周期、30 周期）接头剩余强度分别下降了 14.1%、18.9% 和 24.8%，其中在载荷循环 3.60×10^4 次后接头剩余强度下降幅度增大并发生断裂。说明温度-交变载荷耦合循环工况对粘接剂性能影响更大，初始时下降速率较大，随着载荷循环次数增加，接头剩余强度下降速率减小，在快断裂时下降速率又增大。

由图 7.12 可以发现，在温度循环和温度-交变载荷耦合循环两种工况作用时粘接接头剩余强度下降趋势一致，但相同循环周期作用时，温度-交变载荷耦合循环试验的剩余强度下

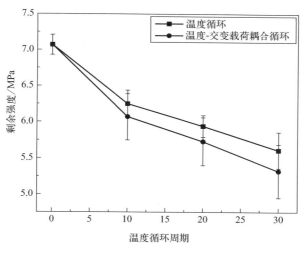

图 7.12　剩余强度衰减曲线

降幅度均大于温度循环试验，说明交变载荷加剧了接头剩余强度的衰减，且误差离散度明显增大。

7.5.2　失效形式与失效机理研究

对粘接接头胶层失效断面进行分析，总结不同循环周期时接头失效形式的变化规律。对温度-交变载荷耦合循环试验后的接头失效形式进行分析，得到不同载荷循环次数后接头失效断面宏观形貌，如图 7.13 所示。发现，胶层失效断面形貌发生显著变化，初始时胶层断面较为平整，载荷循环 $3.60×10^4$ 次后开始出现微小褶皱，经过 $7.20×10^4$ 次循环后整个断面由孔洞和鱼鳞片状结构组成，当达到 $1.08×10^5$ 次时，接头断面形貌变化更加显著，孔洞基本消失，失效断面呈现鱼鳞片状形貌。

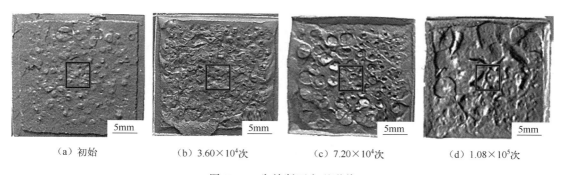

（a）初始　　　　（b）$3.60×10^4$次　　　　（c）$7.20×10^4$次　　　　（d）$1.08×10^5$次

图 7.13　失效断面宏观形貌

为了从微观层面对接头失效形式进行分析，利用 SEM 对图 7.13 中矩形框所示区域进行微观形貌测试，得到温度-交变载荷耦合循环不同周期后的失效断面 SEM 图，如图 7.14 所示。发现，载荷循环 $3.60×10^4$ 次后胶层表面孔洞增多，说明接头开始出现老化失效。但随着载荷循环次数的增加，$7.20×10^4$ 次后断面开始出现明显裂纹，$1.08×10^5$ 次后断面裂纹宽度和深度都比较明显。失效断面中微观孔洞和裂纹的变化，印证了断面宏观裂纹的存在，说明经过一定循环周期的温度-交变载荷耦合循环试验，接头主要失效机理由老化失效转变为疲劳失效。

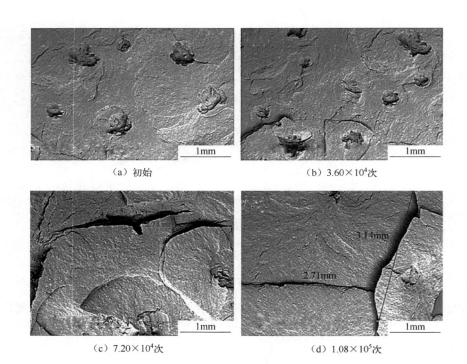

| (a) 初始 | (b) 3.60×10⁴次 |

(c) 7.20×10⁴次　　　　　　　　(d) 1.08×10⁵次

图 7.14　失效断面 SEM 图

7.6　粘接结构寿命预测方法研究

7.6.1　人工加速老化强度分析

人工加速老化试验过程中，以载荷循环 0 次时粘接接头强度 7.07MPa 为初始强度，随着载荷循环次数增加，交变载荷循环 $3.60×10^4$、$7.20×10^4$ 和 $1.08×10^5$ 次后的接头剩余强度值依次下降了 14.1%、18.9% 和 24.8%。为了充分反映温度-交变载荷耦合循环对粘接接头性能的影响，获得粘接接头在任意载荷循环次数作用后的粘接强度。本书采用二次多项式函数拟合载荷循环次数与剩余强度之间的关系曲线，得到拟合曲线及公式，如图 7.15 所示。拟合优度 R^2 为 0.98，二次多项式函数有较高的拟合精度，拟合曲线公式为：

$$T_Q = 7.06 - 2.89×10^{-5}Q + 1.23×10^{-10}Q^2 \tag{7.2}$$

式中，Q 为载荷循环次数；T_Q 为粘接接头的剩余强度。

7.6.2　实车自然老化强度分析

分别提取高速列车在进行 3 级、4 级和 5 级维修时所替换下来的车窗粘接结构胶条（中车唐山轨道客车有限公司提供），其中 3 级、4 级和 5 级维修所对应的高速列车运行里程分别为 $1.2×10^6$km、$2.4×10^6$km 和 $3.6×10^6$km。根据《硫化橡胶或热塑性橡胶　拉伸应力应变性能的测定》（GB/T 528—2009），采用比较复杂的工艺对不同等级维修时的胶条制作粘接剂哑铃试件，测试不同运行里程时粘接剂的力学性能参数。

利用电子万能试验机对粘接剂哑铃试件进行准静态拉伸，加载直至试件断裂破坏，提取不同运行里程时粘接剂的拉伸强度等参数值，得到在实车自然老化条件下胶层剩余强度变化曲线图，如图 7.16 所示。发现，以哑铃试件在初始时的平均剩余强度值 7.61MPa 为参考，运行 $1.2×10^6$km、$2.4×10^6$km 和 $3.6×10^6$km 时对应的胶层剩余强度依次下降了 9.9%、

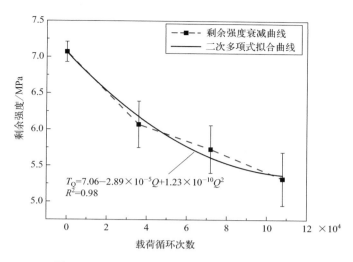

图 7.15　人工加速老化条件下剩余强度曲线图

14.3%和16.3%。为了建立高速列车行驶里程和粘接结构胶层剩余强度之间的函数关系，获得在任意行驶里程后粘接结构胶层的剩余强度，本书采用二次多项式函数进行函数拟合得到拟合曲线及公式，如图7.16所示。拟合优度 R^2 为0.99，说明试验数据具有较好的一致性。行驶里程与粘接结构胶层剩余强度之间关系的拟合曲线为：

$$T_L = 7.61 - 7.29 \times 10^{-3}L + 1.09 \times 10^{-5}L^2 \tag{7.3}$$

式中，L 为行驶里程；T_L 为胶层剩余强度。

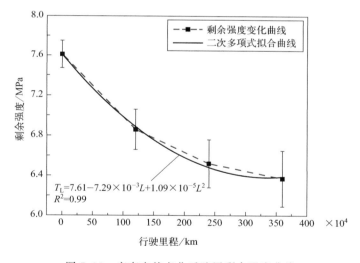

图 7.16　实车自然老化后胶层剩余强度曲线

7.6.3　人工加速老化与实车自然老化对比分析

方法：基于人工加速老化和实车自然老化每个阶段的粘接剂剩余强度衰减率，分别拟合得到加速老化的载荷循环次数 Q 与剩余强度衰减率 x 的函数曲线为 $Q = \Psi(x)$；自然老化的行驶里程 L 与剩余强度衰减率 x 的函数曲线为 $L = \gamma(x)$。将 $Q = \Psi(x)$ 与 $L = \gamma(x)$ 之间的函数关系联立，初步建立行驶里程 L 和交变载荷循环次数 Q 之间的近似关系 $L = \Theta(Q)$。

基于人工加速老化和实车自然老化每个阶段的粘接剂剩余强度衰减率，分别拟合得到加速老化的载荷循环次数、自然老化行驶里程与剩余强度衰减率的函数曲线，如图 7.17 所示，拟合函数分别为：

$$Q = 152.78x^2 + 666.73x - 389.99 \tag{7.4}$$
$$L = 1.58x^2 - 4.43x + 1.14 \tag{7.5}$$

式中，x 为剩余强度衰减率。

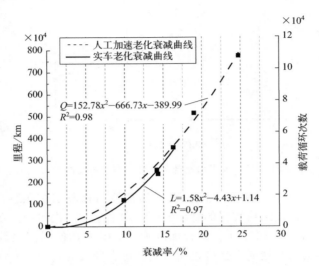

图 7.17　人工加速老化和实车自然老化衰减曲线

由图 7.17 可知，人工加速老化和实车自然老化随着剩余强度衰减率的增大变化趋势基本一致，说明建立的人工加速老化试验谱具有较高的合理性，能够用于实车自然老化规律的预测。基于实验室粘接接头和实车粘接结构中的胶层强度衰减率，根据式（7.4）和式（7.5）进一步建立载荷循环次数与行驶里程之间的近似函数关系：

$$\sqrt{\frac{Q}{152.78} + 7.31} - \sqrt{\frac{L}{1.58} + 1.25} = 3.58 \tag{7.6}$$

基于函数关系式（7.6）进行车窗粘接结构的寿命预测。由于人工加速老化试验时交变载荷循环 1.08×10^5 次后粘接接头基本发生断裂失效，假定人工加速老化试验时接头的最大载荷循环次数为 1.08×10^5 次，代入函数关系式（7.6）求得最大行驶里程为 8.34×10^6 km，得到列车的安全行驶里程。后续可根据式（7.6）进行车窗粘接结构的寿命预测，得到动车的安全行驶里程。

7.7　本章小结

本章针对高速列车粘接结构寿命预测方法展开研究，提出一种基于剩余强度理论的寿命预测方法。结合人工加速老化和实车自然老化的强度衰减曲线，建立载荷循环次数与实车行驶里程的近似函数关系，进而对高速列车粘接结构进行寿命预测，具有较高的工程意义。主要结论如下。

（1）针对高速列车粘接结构的实际工况条件，分别建立环境循环谱和交变载荷谱，编制温度-交变载荷耦合循环谱，用于人工加速老化试验，可得到加速老化后粘接接头的剩余强度变化规律。

（2）相比温度循环试验，温度-交变载荷耦合试验对接头剩余强度影响更加明显，两种试验总体呈现先快后慢的下降趋势。温度循环 30 周期后接头强度下降 20.7%，而温度-交变载荷耦合循环后强度下降了 24.8%，下降幅度更大，说明交变载荷加剧了接头性能的退化，导致失效强度衰减程度加大。

（3）温度-交变载荷耦合作用后，接头失效形式和失效机理变化明显，初始时接头胶层发生老化失效，而后随着载荷循环次数的增加，接头主要失效机理由老化失效转变为疲劳失效。

（4）采用多项式函数分别拟合人工加速老化的载荷循环次数、实车自然老化行驶里程与粘接剂剩余强度，拟合精度较高。

（5）通过提取不同行驶里程时车窗粘接结构的胶条，得到行驶里程与胶条剩余强度之间的函数关系式。在人工加速老化曲线与实车自然老化曲线的基础上分别拟合对应的剩余强度衰减率曲线，发现变化趋势基本一致。

第**8**章

总结与展望

8.1 结论

随着对高速列车轻量化的追求，列车车体材料的混合应用受到广泛关注。粘接技术作为一种新型连接方式，可以为异种材料之间的连接问题提供有效的解决方案。但是，粘接剂作为一种高分子聚合物材料，粘接性能存在时变性，这对高速列车的安全运行带来极大的挑战。在长期服役过程中，粘接结构容易受到环境温度、湿度及载荷等多因素的耦合作用，对粘接结构的强度、疲劳等整体服役性能产生显著影响，很可能威胁车辆运行安全。因此，研究环境因素与载荷对粘接结构的耦合作用行为和失效机理，预测粘接结构的强度和寿命是非常关键的。

本书基于国家自然科学基金"面向新材料车身的粘接结构老化寿命预测方法研究（51775230）"，针对高速列车粘接结构实际服役工况，研究了粘接接头的湿热老化机理及接头老化后剩余强度预测方法，并分析了服役温度对老化后接头静态力学性能的影响，同时揭示了服役温度对粘接接头疲劳性能的影响和失效机理，解析了老化与载荷耦合作用对接头损伤演化的影响与相应的耦合失效机理，建立合理有效的粘接结构寿命预测方法，为高速列车粘接结构的设计、强度校核和寿命预测提供了参考。主要研究内容与结论如下：

（1）根据高速列车服役环境特点并参考相应标准，选择高温（80℃）和高温高湿（80℃/95％RH）两种湿热老化环境，对粘接接头进行不同老化周期的加速老化试验。结合FTIR对老化前后的粘接剂进行分析，并利用改进的 Arcan 装置，对老化后的粘接接头进行复杂应力状态下的力学性能测试。通过失效断面进行失效模式分析，并用 SEM 观察微观形貌分析失效机理，最后建立适用于粘接结构的二次应力失效准则。

研究表明：高温条件下，水分明显加速粘接接头力学性能的退化。老化后粘接接头失效载荷和位移显著减小，其影响程度与接头的应力状态有关，随着正应力比例的增加，下降幅度增大。在工程中尽量增加粘接结构的剪应力比例，可以提高在复杂应力状态下的失效强度。SEM 分析表明，随着老化时间增加，失效断面上的裂纹和孔洞数量增加。这归因于聚合物链断裂和内应力的影响，内应力的存在使胶层产生微裂纹，水分更容易通过微裂纹渗入胶层内部，从而促进裂纹扩展和聚合物水解。在湿热耦合老化作用下，不同老化周期粘接接头的失效强度均符合二次应力失效准则，建立一个反映二次应力失效准则与老化周期关系的曲面方程。该失效准则可应用于高速列车粘接结构的有限元分析中，从而实现相应粘接结构的耐久性评估。

（2）研究湿热老化和服役温度对高速列车粘接结构的影响，测试粘接剂哑铃试件在不同温度下的应力-应变曲线，分析粘接剂在服役温度下力学性能的变化。然后考虑湿热老化的影响，建立老化后服役温度区间的粘接结构失效模型，分析服役温度区间内不同老化系数接头的力学性能和失效模式。通过宏观和微观失效断面形貌分析失效机理，并且建立全服役温度下的失效准则，为实现粘接结构在全服役温度区间的设计提供参考和依据。

研究表明：随着温度升高，粘接剂的失效强度、失效应变和杨氏模量逐渐下降，越接近粘接剂的 T_g 时，性能变化越明显。湿热老化后的粘接接头在不同温度下测试时，失效机理发生明显变化，对接接头对温度反应最敏感，低温时力学性能下降最明显且容易发生界面失效。在不同温度下对湿热老化粘接接头进行测试时，粘接接头的失效机理发生明显变化，粘接接头的界面失效破坏和聚氨酯粘接剂本身的水解反应是接头强度降低的主要原因。对湿热老化后的粘接接头建立了反映二次应力失效准则与服役温度、老化周期关系的曲面方程，可将失效准则引入到高速列车粘接结构的有限元分析模型中，用于粘接结构在服役温度下的耐久性评估。

（3）参考高速列车服役温度，选取 $-40\,^\circ\!C$、$-10\,^\circ\!C$、$20\,^\circ\!C$、$50\,^\circ\!C$ 和 $80\,^\circ\!C$ 五个温度点，以对接和搭接接头为研究对象，通过疲劳试验测试了粘接接头在不同温度下的疲劳性能，研究了温度对接头疲劳性能的影响。此外，通过宏观断面和 SEM 分析了接头的疲劳失效断面，揭示其失效机理。

研究表明：温度对接头的疲劳性能影响明显，随温度升高，接头的疲劳性能逐渐下降。温度越靠近粘接剂的 T_g 时，疲劳性能下降幅度越明显。随着温度的升高，接头内部系统的能量增加，粘接剂分子结构内更容易发生热激活过程，聚合物中平均分子间的结合强度降低，导致粘接接头的疲劳性能下降。升温时聚合物链段开始运动，材料的形变增加，粘接剂的黏弹性特征更加明显。对接接头中气蚀是引发层失效的主要机理。粘接接头的疲劳失效机制随着温度的变化而改变，疲劳失效断面变化明显。疲劳寿命主要发生在裂纹扩展阶段，接头经历了短暂的裂纹萌生，然后裂纹扩展控制了整个疲劳寿命。疲劳破坏是由多裂纹、孔洞和夹杂物引起的，导致了局部应力集中发生在表面形貌的某些峰谷处，这是裂纹在界面形成和扩展的主要原因。建立的温度-名义应力-疲劳断裂循环次数函数公式，能够准确地反映三者之间的关系，对不同温度下弹性胶的疲劳性能预测有一定的工程意义，为高速列车粘接结构在服役温度区间的疲劳性能预测提供参考。

（4）重点研究了湿热环境与静态载荷耦合作用下的蠕变及老化行为，分别选取对接和搭接接头，在高温（$80\,^\circ\!C$）和高温高湿（$80\,^\circ\!C/95\%\,RH$）两种老化环境下，对接头进行不同静态载荷水平的加载试验，分析蠕变变形，建立合适的蠕变模型。同时进行湿热与静态载荷耦合作用的老化试验，获得剩余强度随载荷水平与加载时间的变化规律，分析静态载荷在粘接结构老化过程中的影响，并通过断面微观组织 SEM 图片讨论失效机理。

研究表明：相比高温环境，在高温高湿环境下接头的蠕变应变率明显更大，并且发生失效断裂时间更短，湿热环境对聚氨酯粘接接头蠕变性能的影响显著。加载相同应力时，对接接头发生蠕变断裂的时间大于搭接接头，并且应变量远小于搭接接头，说明处于正应力状态下的粘接结构具有更好的抗蠕变性能。采用黏弹性多重积分蠕变模型对聚氨酯粘接接头的蠕变特性进行理论分析，能较好地描述粘接接头的单轴恒载荷的蠕变行为。湿热与静态载荷耦合作用时，接头失效载荷均随时间延长发生下降，随着载荷水平的增大，失效载荷下降速率和下降程度均明显增加，在高温高湿环境中，力学性能下降幅度明显大于高温环境。从宏观到微观尺度研究聚氨酯粘接接头的复杂断裂行为，分析温度、湿度与静态载荷耦合作用下的失效机理，发现高温高湿老化时水分子不仅容易渗透到胶层与粘接基材的界面，而且渗入到粘接剂分子间的水分子与粘接剂发生降解反应或交联反应，施加静态载荷时更加速了性能的退化。粘接结构的界面破坏和聚氨酯粘接剂本身的水解反应是接头强度降低的主要原因。

（5）重点研究了湿热环境与交变载荷耦合作用对接头性能的影响，分别在高温（80℃）和高温高湿（80℃/95%RH）环境中，对粘接接头进行交变载荷作用下的加载试验，对不同加载周期后的接头测试剩余强度，获得剩余强度随载荷水平与加载时间的变化规律，通过SEM分析环境与交变载荷耦合对失效机理的影响。通过方差分析，研究温度、湿度和载荷三种因素对接头强度的影响以及三者之间的交互作用。

研究表明：在相同疲劳载荷作用下，胶层内部温度随着疲劳频率的增大而变化明显。但是频率较低时，胶层内部温度变化不明显。在同一疲劳频率作用下，随着疲劳载荷的增大，胶层内部温度变化幅度较小。相比于老化或施加静态载荷后的老化，湿热与交变载荷耦合作用下失效载荷下降幅度明显增大，说明耦合作用工况是一种更加危险的工况，不是单因素效果的简单叠加。在湿热环境下，与施加静态载荷相比，施加交变载荷作用时接头发生断裂的时间明显缩短，主要原因是交变载荷加快了接头内部的裂纹扩展速率，导致接头发生疲劳失效。高温高湿与交变载荷耦合作用时容易发生界面失效，这是因为水分子的渗透能引起胶层发生溶胀、增塑作用，产生界面应力。同时交变载荷能进一步促使水分子渗入粘接剂/粘接基材界面，在胶层与基材界面形成水分子组成的弱界面层，导致界面失效。

（6）针对高速列车粘接结构寿命预测方法展开研究，提出了一种面向温度-湿度和载荷耦合作用，基于剩余强度的寿命预测方法。在人工加速老化曲线与实车自然老化曲线的基础上分别拟合对应的剩余强度衰减率曲线，并建立载荷循环次数与实车行驶里程的近似函数关系，对高速列车粘接结构进行寿命预测。

研究表明：针对高速列车粘接结构的实际工况条件，编制温度-交变载荷耦合循环谱，将其用于人工加速老化试验，得到加速老化后粘接接头的剩余强度变化规律。温度-交变载荷耦合作用后，随着载荷循环次数的增加，接头主要失效机理由老化失效转变为疲劳失效。通过提取不同行驶里程时车窗粘接结构的胶条，测试得到行驶里程与胶条剩余强度之间的函数关系式。在人工加速老化曲线与实车自然老化曲线的基础上分别拟合对应的剩余强度衰减率曲线，发现变化趋势基本一致，说明建立的人工加速老化试验谱具有较高的合理性。还提出了一种高速列车粘接结构的寿命预测方法，建立载荷循环次数与行驶里程之间的近似函数关系，来预测粘接结构的寿命，并且得到的寿命预测方法具有较高的合理性和通用性，这能够有效地预测实车粘接结构的寿命。

8.2 主要创新点

本书针对湿热与载荷耦合对高铁车用聚氨酯粘接剂力学性能及失效机理的影响进行了研究，解析了单因素及多因素耦合工况作用机制及内在联系，并建立了粘接结构寿命预测方法。本书主要有如下创新点。

（1）针对温度、湿度和载荷三种因素，研究其单独作用及耦合作用对粘接接头力学性能的影响，解析了单因素及多因素耦合工况作用机制及内在联系，分析老化规律并揭示失效机理。建立了反映粘接接头的二次应力失效准则与服役温度、老化周期关系的曲面方程，用于粘接结构的耐久性评估。

（2）研究服役温度对接头疲劳性能的影响，建立了粘接接头在服役温度区间的疲劳性能预测模型，得到温度-名义应力-疲劳断裂循环次数函数公式，并通过 SEM 分析接头疲劳失效断面形貌，揭示其失效机理，为粘接结构在服役温度区间的疲劳性能预测提供参考。

（3）基于服役环境实验力学、先进材料表征技术和有限元建模仿真技术，开展粘接结构在多场耦合作用下的失效演化机理和失效强度衰退研究，构建湿热与交变载荷耦合作用时的动态耦合关系，通过剖析耦合作用机制，分析其对粘接结构力学性能及疲劳性能的影响规律。

（4）提出了一种高速列车粘接结构的寿命预测方法，建立温度-湿度和载荷耦合的人工加速老化试验谱。基于剩余强度理论，在人工加速老化曲线与实车自然老化曲线的基础上分别拟合对应的剩余强度衰减率曲线，建立载荷循环次数与行驶里程之间的近似函数关系，预测高速列车粘接结构的使用寿命，并评估粘接结构的失效行为。

8.3　研究不足和工作展望

限于作者水平和时间有限，本书尚有不足之处，仍有一些问题需要深入研究：

（1）本研究主要针对聚氨酯弹性粘接剂进行了相关研究，后续可选择更多的材料组合类型进行对比研究，讨论不同类型粘接剂的老化规律和失效机理，为高速列车车体粘接结构的可靠性设计提供理论参考。

（2）探索复合材料［碳纤维增强塑料（CFRP）、玻璃纤维增强塑料（GFRP）等］粘接件以及复合材料和金属材料粘接件在各种老化环境中的静态响应、动态响应和多物理场环境中粘接性能。

（3）粘接结构老化后也会严重影响车辆的碰撞安全性，因此，冲击载荷作用下保持粘接结构完整性非常重要。未来可以对粘接结构的抗冲击性以及粘接结构老化后的抗冲击性能进行研究。

（4）本书选择了拉-拉循环交变载荷研究了温度对粘接接头疲劳性能的影响，后续拟通过改进试验设备，测试对称载荷（r 为 -1）下的疲劳行为，为粘接接头寿命预测提供依据。

参 考 文 献

[1] 周锐.《铁路"十三五"发展规划》发布 [J]. 城市轨道交通研究,2017,20(12):37.

[2] 伊然. 国务院通过中长期铁路网规划 五大举措促进铁路交通建设 [J]. 工程机械,2016,47(8):61.

[3] BUDHE S,BANEA M D,DE BARROS S,et al. An updated review of adhesively bonded joints in composite materials [J]. International Journal of Adhesion and Adhesives,2017,72:30-42.

[4] LI Y. Advances in welding and joining processes of multi-material lightweight car body [J]. Journal of Mechanical Engineering,2016,52(24):1-23.

[5] LAI W J,PAN J. Failure mode and fatigue behavior of weld-bonded lap-shear specimens of magnesium and steel sheets [J]. International Journal of Fatigue,2015,75:184-197.

[6] SAKUNDARINI N,TAHA Z,ABDUL-RASHID S H,et al. Optimal multi-material selection for lightweight design of automotive body assembly incorporating recyclability [J]. Materials and Design,2013,50(17):846-857.

[7] HE X. A review of finite element analysis of adhesively bonded joints [J]. International Journal of Adhesion and Adhesives,2011,31(4):248-264.

[8] CHEN Q,GUO H,AVERY K,et al. Fatigue performance and life estimation of automotive adhesive joints using a fracture mechanics approach [J]. Engineering Fracture Mechanics,2017,172:73-89.

[9] 黄志辉,夏伟,林柄宏. 胶粘剂在轨道交通车辆中的应用及展望 [J]. 机车电传动,2021(1):15-19.

[10] 马志阳,高丽敏,徐吉峰. 复合材料在大飞机主承力结构上的应用与发展趋势 [J]. 航空制造技术,2021,64(11):24-30.

[11] ABDO Z,AGLAN H. Analysis of aircraft adhesive joints under combined thermal and mechanical cyclic loadings [J]. Journal of Adhesion Science and Technology,1997,11(7):941-956.

[12] ZHANG Y,VASSILOPOULOS A P,KELLER T. Environmental effects on fatigue behavior of adhesively-bonded pultruded structural joints [J]. Composites Science and Technology,2009,69(7):1022-1028.

[13] WAHAB M M A. Fatigue in adhesively bonded joints:A review [J]. Isrn Materials Science,2012,3:1-25.

[14] SILVA L F M D,ÖCHSNER A. Modeling of adhesively bonded joints [M]. Berlin:Springer Berlin Heidelberg,2008.

[15] 王玉奇,何晓聪,曾凯,等. 基于循环载荷的单搭胶接接头残余强度分析 [J]. 材料导报,2016,30(24):82-87.

[16] PLOTA A,MASEK A. Lifetime prediction methods for degradable polymeric materials—A short review [J]. Materials,2020,13(20):4507.

[17] 凡丽梅,董方旭,安志武,等. 橡胶/铝合金粘接构件脱粘缺陷非线性超声检测技术研究 [J]. 中国测试,2020,46(8):15-21.

[18] 王锐,崔海霞,崔志超,等. 动车组侧窗密封粘接胶寿命研究 [J]. 中国胶粘剂,2020,29(8):45-48.

[19] BANEA M D,SOUSA F S M D,SILVA L F M D,et al. Effects of Temperature and Loading Rate on the Mechanical Properties of a High Temperature Epoxy Adhesive [J]. Journal of Adhesion Science and Technology,2011,25(18):2461-2474.

[20] KANG S G,KIM M G,KIM C G. Evaluation of cryogenic performance of adhesives using composite-aluminum double-lap joints [J]. Composite Structures,2007,78(3):440-446.

[21] BANEA M D,SILVA L F M D,CAMPILHO R D S G. Effect of temperature on tensile strength and mode I fracture toughness of a high temperature epoxy adhesive [J]. Journal of Adhesion Science and Technology,2012,26(7):939-953.

[22] VIANA G,COSTA M,BANEA M D,et al. A review on the temperature and moisture degradation of adhesive joints [J]. Proceedings of the Institution of Mechanical Engineers,Part L:Journal of Materials:Design and Applications,2016,231(5):488-501.

[23] GRANT L D R,ADAMS R D,SILVA L F M D. Effect of the temperature on the strength of adhesively bonded single lap and T joints for the automotive industry [J]. International Journal of Adhesion and Adhesives,2009,29(5):535-542.

[24] BANEA M D,SILVA L F M D. The effect of temperature on the mechanical properties of adhesives for the automotive industry [J]. Proceedings of the Institution of Mechanical Engineers Part L Journal of Materials Design and Applications,2010,224:51-62.

［25］ MARQUES E A S, SILVA L F M D, BANEA M D, et al. Adhesive joints for low-and high-temperature use: an overview ［J］. Journal of Adhesion, 2015, 91 (7): 556-585.

［26］ ADAMS R D, Coppendale J, Mallick V, et al. The effect of temperature on the strength of adhesive joints ［J］. International Journal of Adhesion and Adhesives, 1992, 12 (3): 185-190.

［27］ NA J X, MU W L, QIN G F, et al. Effect of temperature on the mechanical properties of adhesively bonded basalt FRP-aluminum alloy joints in the automotive industry ［J］. International Journal of Adhesion and Adhesives, 2018, 85: 138-148.

［28］ TAN W, NA J X, MU W L, et al. Effect of service temperature on static failure of BFRP/aluminum alloy adhesive joints ［J］. Journal of Traffic and Transportation Engineering, 2020, 20 (1): 171-180.

［29］ SILVA L F M D, ADAMS R D, GIBBS M. Manufacture of adhesive joints and bulk specimens with high-temperature adhesives ［J］. International Journal of Adhesion and Adhesives, 2004, 24 (1): 69-83.

［30］ ZHANG Y, VASSILOPOULOS A P, KELLER T. Effects of low and high temperatures on tensile behavior of adhesively-bonded GFRP joints ［J］. Composite Structures, 2010, 92 (7): 1631-1639.

［31］ DE GOEJI W C, VAN TOOREN M J L, BEUKERS A. Composite adhesive joints under cyclic loading ［J］. Materials and Design, 1999, 20 (5): 213-221.

［32］ ASHCROFT I A, WAHAB M M A, CROCOMBE A D, et al. The effect of environment on the fatigue of bonded composite joints. Part 1: testing and fractography ［J］. Composites Part A: Applied Science and Manufacturing, 2001, 32 (1): 45-58.

［33］ BEBER V C, SCHNEIDER B, BREDE M. Influence of temperature on the fatigue behaviour of a toughened epoxy adhesive ［J］. Journal of Adhesion, 2016, 92 (7): 778-794.

［34］ SCHNEIDER B, BEBER V C, BREDE M. Estimation of the lifetime of bonded joints under cyclic loads at different temperatures ［J］. Journal of Adhesion, 2016, 92 (7): 795-817.

［35］ HARRIS J A, FAY P A. Fatigue life evaluation of structural adhesives for automotive applications ［J］. International Journal of Adhesion and Adhesives, 1992, 12 (1): 9-18.

［36］ ASHCROFT I A, HUGHES D J, SHAW S J, et al. Effect of temperature on the quasi-static strength and fatigue resistance of bonded composite double lap joints ［J］. Journal of Adhesion, 2001, 75 (1): 61-88.

［37］ ASHCROFT I A, SHAW S J. Mode I fracture of epoxy bonded composite joints. Fatigue loading ［J］. International Journal of Adhesion and Adhesives, 2002, 22 (2): 151-167.

［38］ SZÉPE F. Strength of adhesive-bonded lap joints with respect to change of temperature and fatigue ［J］. Experimental Mechanics, 1966, 6 (5): 280-286.

［39］ COSTA M, VIANA G, SILVA L F M D, et al. Effect of humidity on the fatigue behaviour of adhesively bonded aluminium joints ［J］. Latin American Journal of Solids and Structures, 2016, 14 (1): 174-187.

［40］ TANG H C, NGUYEN T, CHUANG T J, et al. Temperature effects on fatigue of polymer composites ［J］. Composites Engineering, 2000, 7: 861-863.

［41］ LI W, PANG B, HAN X, et al. Predicting the strength of adhesively bonded T-joints under cyclic temperature using a cohesive zone model ［J］. Journal of Adhesion, 2015, 92 (11): 892-907.

［42］ 韩啸. 胶接接头湿热环境耐久性试验与建模研究 ［D］. 大连: 大连理工大学, 2014.

［43］ AGLAN H, CALHOUN M, ALLIE L. Effect of UV and hygrothermal aging on the mechanical performance of polyurethane elastomers ［J］. Journal of Applied Polymer Science, 2008, 108 (1): 558-564.

［44］ GAO L L, CHEN X, GAO H. Shear strength of anisotropic conductive adhesive joints under hygrothermal aging and thermal cycling ［J］. International Journal of Adhesion and Adhesives, 2012, 33: 75-89.

［45］ HUMFELD JR G R. Mechanical behavior of adhesive joints subjected to thermal cycling ［D］. Blacksburg: Virginia Tech, 1997.

［46］ BUCH X, SHANAHAN M E R. Influence of the gaseous environment on the thermal degradation of a structural epoxy adhesive ［J］. Journal of applied polymer science, 2000, 76 (7): 987-992.

［47］ ZHANG F, YANG X, WANG H P, et al. Durability of adhesively-bonded single lap-shear joints in accelerated hygrothermal exposure for automotive applications ［J］. International Journal of Adhesion and Adhesives, 2013, 44: 130-1377.

［48］ POPINEAU S, RONDEAU-MOURO C, SULPICE-GAILLET C, et al. Free/bound water absorption in an epoxy adhesive ［J］. Polymer, 2005, 46 (24): 10733-10740.

[49] KHALILI S M R, SHARAFI M, FARSANI R E, et al. Effect of thermal cycling on tensile properties of degraded FML to metal hybrid joints exposed to sea water [J]. International Journal of Adhesion and Adhesives, 2017, 79: 95-101.

[50] SUGIMAN, CROCOMBE, A. D, et al. Experimental and numerical investigation of the static response of environmentally aged adhesively bonded joints [J]. International Journal of Adhesion and Adhesives, 2013, 40 (40): 224-237.

[51] LILJEDAHL C D M, CROCOMBE A D, WAHAB M A, et al. The effect of residual strains on the progressive damage modelling of environmentally degraded adhesive joints [J]. Journal of Adhesion Science and Technology, 2005, 19 (7): 525-547.

[52] PATIL O R, AMELI A, DATLA N V. Predicting environmental degradation of adhesive joints using a cohesive zone finite element model based on accelerated fracture tests [J]. International Journal of Adhesion and Adhesives, 2017, 76: 54-60.

[53] COSTA M, VIANA G, DA SILVA L, et al. Effect of humidity on the mechanical properties of adhesively bonded aluminium joints [J]. Proceedings of the Institution of Mechanical Engineers, Part L: Journal of Materials: Design and Applications, 2018, 232 (9): 733-742.

[54] 范以撒, 那景新, 上官林建. 基于剩余强度的高速动车侧窗粘接强度校核方法 [J]. 吉林大学学报 (工学版), 2021, 51 (3): 840-846.

[55] 聂光磊. 胶接接头的湿热环境老化特性研究 [D]. 大连: 大连理工大学, 2015.

[56] 刘玉. 高速动车组侧窗粘接结构强度校核方法研究 [D]. 长春: 吉林大学, 2016.

[57] 姚力. 车用结构胶性能的湿热老化和恢复—现象, 机理, 预测 [D]. 北京: 清华大学, 2015.

[58] HESHMATI M, HAGHANI R, AL-EMRANI M. Environmental durability of adhesively bonded FRP/steel joints in civil engineering applications: State of the art [J]. Composites Part B Engineering, 2015, 81 (12): 259-275.

[59] VIANA G, COSTA M, BANEA M D, et al. Moisture and temperature degradation of double cantilever beam adhesive joints [J]. Journal of Adhesion Science and Technology, 2017, 31 (16): 1824-1838.

[60] AMELI A. Hygrothermal degradation of toughened adhesive joints: The characterization and prediction of fracture properties [M]. Toronto: University of Toronto, 2011.

[61] ZHANG F, WANG H P, HICKS C, et al. Effect of Prelube, Surface coating and substrate materials on initial strength of adhesive joints between Al alloy and steels [C]. ASME 2011 International Mechanical Engineering Congress and Exposition. 2011: 9-18.

[62] 那景新, 慕文龙, 范以撒, 等. 车身钢铝粘接接头湿热老化性能 [J]. 吉林大学学报 (工学版), 2018, 48 (6): 1653-1660.

[63] Viana G, Carbas R J C, Costa M, et al. A new cohesive element to model environmental degradation of adhesive joints in the rail industry [J]. Proceedings of the Institution of Mechanical Engineers, Part C: Journal of Mechanical Engineering Science, 2021, 235 (3): 560-570.

[64] BOUBAKRI A, ELLEUCH K, GUERMAZI N, et al. Investigations on hygrothermal aging of thermoplastic polyurethane material [J]. Materials and Design, 2009, 30 (10): 3958-3965.

[65] GALVEZ P, DE Armentia S L, ABENOJAR J, et al. Effect of moisture and temperature on thermal and mechanical properties of structural polyurethane adhesive joints [J]. Composite Structures, 2020, 247: 112443.

[66] MOAZZAMI M, AYATOLLAHI M R, AKHAVAN-SAFAR A, et al. Experimental and numerical analysis of cyclic aging in an epoxy-based adhesive [J]. Polymer Testing, 2020, 91: 106789.

[67] ANDERSON B J. Thermal stability of high temperature epoxy adhesives by thermogravimetric and adhesive strength measurements [J]. Polymer Degradation and Stability, 2011, 96 (10): 1874-1881.

[68] 倪晓雪, 李晓刚, 张三平, 等. 环氧-聚酰胺粘接剂的热老化行为研究 [J]. 粘接, 2009, 30 (4): 31-36.

[69] LIN Y C, CHEN X, ZHANG H J, et al. Effects of hygrothermal aging on epoxy-based anisotropic conductive film [J]. Materials Letters, 2006, 60 (24): 2958-2963.

[70] GIESE-HINZ J, KOTHE C, LOUTER C, et al. Mechanical and chemical analysis of structural silicone adhesives with the influence of artificial aging [J]. International Journal of Adhesion and Adhesives, 2022, 117: 103019.

[71] DOYLE G, PETHRICK R A. Environmental effects on the ageing of epoxy adhesive joints [J]. International Journal of Adhesion and Adhesives, 2009, 29 (1): 77-90.

[72] MUBASHAR A, ASHCROFT I A. Comparison of cohesive zone elements and smoothed particle hydrodynamics for

failure prediction of single lap adhesive joints [J]. Journal of Adhesion，2015，93（6）：444-460.

[73] ABRAHAMI S T，HAUFFMAN T，KOK J M M D，et al. The effect of anodic aluminum oxide chemistry on adhesive bonding of epoxy [J]. Journal of Physical Chemistry C，2016，120（35）：19670-19677.

[74] WATTS J F. Role of corrosion in the failure of adhesive joints [J]. Shreirs Corrosion，2010，3：2463-2481.

[75] MOIDU A K，SINCLAIR A N，SPELT J K. Adhesive joint durability assessed using open-faced peel specimens [J]. Journal of Adhesion，1998，65（1）：239-257.

[76] AGARWAL A，FOSTER S J，HAMED E. Testing of new adhesive and CFRP laminate for steel-CFRP joints under sustained loading and temperature cycles [J]. Composites Part B，2016，99：235-247.

[77] NGUYEN T C，BAI Y，AL-MAHAIDI R，et al. Time-dependent behaviour of steel/CFRP double strap joints subjected to combined thermal and mechanical loading [J]. Composite Structures，2012，94（5）：1826-1833.

[78] 姚国文，刘宇森，陈雪松. 荷载与湿热环境耦合作用下粘钢加固 RC 梁的耐久性能 [J]. 工程科学与技术，2019，51（1）：83-88.

[79] HAN X，CROCOMBE A D，ANWAR S N R，et al. The strength prediction of adhesive single lap joints exposed to long term loading in a hostile environment [J]. International Journal of Adhesion and Adhesives，2014，55：1-11.

[80] 蔡亮. 载荷对两种车用粘接剂耐候性影响的研究 [D]. 长春：吉林大学，2016.

[81] 唐丽萍. 结构胶粘剂热力耦合老化环境下力学性能研究 [D]. 大连：大连理工大学，2016.

[82] 张永祥. 环氧树脂胶黏剂粘接结构性能的实验和理论研究 [D]. 郑州：郑州大学，2014.

[83] YU Q Q，GAO R X，GU X L，et al. Bond behavior of CFRP-steel double-lap joints exposed to marine atmosphere and fatigue loading [J]. Engineering Structures，2018，175：76-85.

[84] LI J，DENGM J，WANG Y，et al. Experimental study of notched steel beams strengthened with a CFRP plate subjected to overloading fatigue and wetting/drying cycles [J]. Composite Structures，2019，209：634-643.

[85] MU W，QIN G，NA J，et al. Effect of alternating load on the residual strength of environmentally aged adhesively bonded CFRP-aluminum alloy joints [J]. Composites Part B：Engineering，2019，168：87-97.

[86] WANG Y，LI J，DENG J，et al. Bond behaviour of CFRP/steel strap joints exposed to overloading fatigue and wetting/drying cycles [J]. Engineering Structures，2018，172：1-12.

[87] CHEN Q，GUO H，HILL D J，et al. Fatigue durability assessment of automotive adhesive joints by an in situ corrosion fatigue test [J]. Journal of adhesion science and Technology，2016，30（15）：1610-1621.

[88] YANIV G，ISHAI O. Coupling between stresses and moisture diffusion in polymeric adhesives [J]. Polymer Engineering and Science，1987，27（10）：731-739.

[89] BRISKHAM P，SMITH G. Cyclic stress durability testing of lap shear joints exposed to hot-wet conditions [J]. International Journal of Adhesion and Adhesives，2000，20（1）：33-38.

[90] 郭守武. 两种不同车用粘接剂的载荷老化特性研究 [D]. 长春：吉林大学，2017.

[91] FERREIRA J A M，REIS P N，COSTA J D M，et al. Fatigue behavior of composite adhesive lap joints [J]. Composites Science and Technology，2002，62（10）：1373-1379.

[92] DATLA N V，AMELI A，AZARI S，et al. Effects of hygrothermal aging on the fatigue behavior of two toughened epoxy adhesives [J]. Engineering Fracture Mechanics，2012，79：61-77.

[93] SUGIMAN，CROCOMBE A D，et al. The fatigue response of environmentally degraded adhesively bonded aluminium structures [J]. International Journal of Adhesion and Adhesives，2013，41（3）：80-91.

[94] SU N，MACKIE R I，HARVEY W J. The effects of ageing and environment on the fatigue life of adhesive joints [J]. International Journal of Adhesion and Adhesives，1992，12（12）：85-93.

[95] RAMALHO L D C，CAMPILHO R D S G，BELINHA J，et al. Static strength prediction of adhesive joints：A review [J]. International Journal of Adhesion and Adhesives，2020，96：102451.

[96] COSTA M，VIANA G，SILVA L F M D，et al. Environmental effect on the fatigue degradation of adhesive joints：A review [J]. Journal of Adhesion，2016，93（1）：127-146.

[97] BORRIE D，LIU H B，ZHAO X L，et al. Bond durability of fatigued CFRP-steel double-lap joints pre-exposed to marine environment [J]. Composite Structures，2015，131：799-809.

[98] AGARWAL A，FOSTER S J，HAMED E. Wet thermo-mechanical behavior of steel-CFRP joints：An experimental study [J]. Composites Part B Engineering，2015，83：284-296.

[99] CASTRO SOUSA F，AKHAVAN-SAFAR A，RAKESH G，et al. Fatigue life estimation of adhesive joints at different mode mixities [J]. The Journal of Adhesion，2022，98（1）：1-23.

[100] 黄亚江，叶林，廖霞，等．复杂条件下高分子材料老化规律、寿命预测与防治研究新进展 [J]．高分子通报，2017 (10)：52-63.

[101] EMARA M, TORRES L, BAENA M, et al. Effect of sustained loading and environmental conditions on the creep behavior of an epoxy adhesive for concrete structures strengthened with CFRP laminates [J]. Composites Part B Engineering, 2017, 129 (15)：88-96.

[102] JHA D, BANERJEE A. A cohesive model for fatigue failure in complex stress-states [J]. International Journal of Fatigue, 2012, 36 (1)：155-162.

[103] 曹春莉．聚氨酯基单组份密封胶粘接剂固化行为、性能评价体系及泡沫材料的制备研究 [D]．北京：北京化工大学，2010.

[104] CRÉAC' HCADEC R, SOHIER L, CELLARD C, et al. A stress concentration-free bonded arcan tensile compression shear test specimen for the evaluation of adhesive mechanical response [J]. International Journal of Adhesion and Adhesives, 2015, 61：81-92.

[105] LEE M, WANG C H, YEO E. Effects of adherend thickness and taper on adhesive bond strength measured by portable pull-off tests [J]. International Journal of Adhesion and Adhesives, 2013, 44：259-268.

[106] QIN G, FAN Y, NA J, et al. Durability of aluminium alloy adhesive joints in cyclic hydrothermal condition for high-speed EMU applications [J]. International Journal of Adhesion and Adhesives, 2018, 84：153-165.

[107] JIANG X, QIANG X, KOLSTEIN H, et al. Analysis on adhesively-bonded joints of FRP-steel composite bridge under combined loading：arcan test study and numerical modeling [J]. Polymers 2016, 8 (1)：18.

[108] KORICHO EG, VERNA E, BELINGARDI G, et al. Parametric study of hot-melt adhesive under accelerated ageing for automotive applications [J]. International Journal of Adhesion and Adhesives, 2016, 68：169-181.

[109] X F YANG, C VANG, D E TALMAN. Weathering degradation of a polyurethane coating [J]. Polymer Degradation and Stability, 2001, 74 (2)：341-351.

[110] FAN Y, NA J, MU W, et al. Effect of hygrothermal cycle aging on the mechanical behavior of single-lap adhesive bonded joints [J]. Journal of Wuhan University of Technology-Mater Sci Ed, 2019, 34 (2)：337-344.

[111] LINDNER A, MAEVIS T, BRUMMER R, et al. Subcritical failure of soft acrylic adhesives under tensile stress [J]. Langmuir, 2004, 20 (21)：9156-9169.

[112] CHICHE A, DOLLHOFER J, CRETON C. Cavity growth in soft adhesives [J]. European Physical Journal E, 2005, 17 (4)：389-401.

[113] CHICHE A AND CRETON C. Cavitation in a soft adhesive [C]. Proceedings of the 27th annualadhesion society meeting, Wilmington, 2004, 296-298.

[114] LAKROUT H, SERGOT P, CRETON C. Direct observation of cavitation and fibrillation in a probe tack experiment on model acrylic pressure-sensitive-adhesives [J]. Journal of Adhesion, 1999, 69 (3)：347-359.

[115] BROWN K R, CRETON C. Nucleation and growth of cavities in soft viscoelastic layers under tensile stress [J]. European Physical Journal E Soft Matter, 2002, 9 (1)：35-40.

[116] HU P, HAN X, SILVA L F M D, et al. Strength prediction of adhesively bonded joints under cyclic thermal loading using a cohesive zone model [J]. International Journal of Adhesion and Adhesives, 2013, 41：6-15.

[117] JIANG X, LUO C, QIANG X, et al. Coupled hygro-mechanical finite element method on determination of the interlaminar shear modulus of glass fiber-reinforced polymer laminates in bridge decks under hygrothermal aging effects [J]. Polymers, 2018, 10 (8)：1-18.

[118] LEE M, YEO E, BLACKLOCK M, et al. Predicting the strength of adhesively bonded joints of variable thickness using a cohesive element approach [J]. International Journal of Adhesion and Adhesives, 2015, 58：44-52.

[119] QIN G, NA J, TAN W, et al. Failure prediction of adhesively bonded CFRP-Aluminum alloy joints using cohesive zone model with consideration of temperature effect [J]. Journal of Adhesion, 2019, 95 (8)：723-746.

[120] STANDARD ISO, ISO B S. Rubber, vulcanized or thermoplastic- Determination of tensile stress-strain properties [S]. International Organization for Standardization, Geneva, 2005.

[121] CARLBERGER T, BIEL A, STIGH U. Influence of temperature and strain rate on cohesive properties of a structural epoxy adhesive [J]. International Journal of Fracture, 2009；155 (2)：155-166.

[122] BANEA M D, SILVA L F M D. Static and fatigue behaviour of room temperature vulcanising silicone adhesives for high temperature aerospace applications [J]. Materialwiss Werkstofftech, 2010, 41 (5)：325-335.

[123] 吴坤岳．基于内聚力模型的胶接结构疲劳特性研究 [D]．大连：大连理工大学，2013.

[124] CHATTOPADHYAY DK, WEBSTER DC. Thermal stability and flame retardancy of polyurethanes [J]. Progress in Polymer Science, 2009, 34 (10): 1068-1133.

[125] KIM H, URBAN, M W. Molecular level chain scission mechanisms of epoxy and urethane polymeric films exposed to UV/H2O. Multidimensional Spectroscopic Studies [J]. Langmuir, 2000, 16 (12): 5382-5390.

[126] HILBURGER M W, NEMETH M P. Application of video image correlation techniques to the space shuttle external tank foam materials [J]. Aiaa Journal, 2005, 10.

[127] BOUTAR Y, NAIMI S, MEZLINI S, et al. Fatigue resistance of an aluminium one-component polyurethane adhesive joint for the automotive industry: Effect of surface roughness and adhesive thickness [J]. International Journal of Adhesion and Adhesives, 2018, 83: 143-152.

[128] IMANAKA M, KISHIMOTO W, OKITA K, et al. Study on fatigue behavior of adhesive-bonded butt joint Effect of dispersed bubbles in adhesive on fatigue strength [J]. Japan Society of Materials Science, 1984, 33: 216-222.

[129] IMANAKA M, KISHIMOTO W, OKITA K, et al. Study on fatigue behavior of adhesive-bonded butt joint (effect of unbonded defects at adhesive/adherend interface on fatigue strength) [J]. Japan Society of Materials Science, 1985, 34: 134-137.

[130] FINDLEY W N, LAI J S, ONARAN K. Creep and relaxation of nonlinear viscoelastic materials [J]. Journal of Applied Mechanics, 1976, 44 (2): 505-509.

[131] ONARAN K, FINDLEY W N. Combined stress-creep experiments on a nonlinear viscoelastic material to determine the kernel functions for a multiple integral representation of creep [J]. Transactions of the Society of Rheology, 1965, 9 (2): 299-327.

[132] FENG C W, KEONG C W, HSUEH Y P, et al. Modeling of long-term creep behavior of structural epoxy adhesives [J]. International Journal of adhesion and adhesives, 2005, 25 (5): 427-436.

[133] DEAN G. Modelling non-linear creep behaviour of an epoxy adhesive [J]. International Journal of adhesion and adhesives, 2007, 27 (8): 636-646.

[134] 张军, 杨军, 张永祥. 环氧树脂胶粘剂及其胶接件对接结构的蠕变性能研究 [J]. 中国胶粘剂, 2014, 23 (9): 17-21.

[135] OCHS H, VOGELSANG J. Effect of temperature cycles on impedance spectra of barrier coatings under immersion conditions [J]. Electrochimica Acta, 2004, 49 (17): 2973-2980.

[136] 倪晓雪. 典型高分子胶粘剂老化失效行为与机理研究 [D]. 北京: 北京科技大学, 2009.

[137] LI Y, MIRANDA J, SUE H J. Hygrothermal diffusion behavior in bismaleimide resin [J]. Polymer, 2001, 42 (18): 7791-7799.

[138] LILJEDAHL C D M, CROCOMBE A D, GAUNTLETT F E, et al. Characterising moisture ingress in adhesively bonded joints using nuclear reaction analysis [J]. International Journal of Adhesion and Adhesives, 2009, 29 (4): 356-360.

[139] 任慧韬, 李杉, 高丹盈. 荷载和恶劣环境共同作用对 CFRP-钢结构黏结性能的影响 [J]. 土木工程学报, 2009, 42 (03): 36-41.

[140] MASHIMO S, NAKAJIMA M, YAMAGUCHI Y, et al. Stress and surface temperature of short fiber-rubber composite under dynamic fatigue [J]. Seni Gakkaishi, 1985, 41 (6): 255-259.

[141] DIN EN ISO 9664-1995. Adhesives-Test methods for fatigue properties of structural adhesives in tensile shear, 1995.

[142] ISMAIL H, JAFFRI RM, ROZMAN HD. Oil palm wood flour filled natural rubber composites: fatigue and hysteresis behaviour [J]. Polymer International, 2000, 49 (6): 618-622.

[143] BANEA M D, DA SILVA L F M. Mechanical characterization of flexible adhesives [J]. The Journal of Adhesion, 2009, 85 (4): 261-285.

[144] YANG Y, SILVA M A G, BISCAIA H, et al. CFRP-to-steel bonded joints subjected to cyclic loading: An experimental study [J]. Composites Part B: Engineering, 2018, 146: 28-41.

[145] 范以撒. 温度湿度对车用聚氨酯粘接剂静态强度的影响研究 [D]. 长春: 吉林大学, 2018.

[146] 李晓刚. 金属大气腐蚀初期行为与机理 [M]. 北京: 科学出版社, 2009.

[147] JEFFERSON ANDREW J, ARUMUGAM V, BULL D J, et al. Residual strength and damage characterization of repaired glass/epoxy composite laminates using AE and DIC [J]. Composite Structures, 2016, 152: 124-139.

[148] DE ZEEUW C, DE FREITAS S T, ZAROUCHAS D, et al. Creep behaviour of steel bonded joints under hygrothermal conditions [J]. International Journal of Adhesion and Adhesives, 2019, 91: 54-63.

[149] WANG M，LI X Z，XIAO J，et al. An experimental analysis of the aerodynamic characteristics of a high-speed train on a bridge under crosswinds [J]. Journal of Wind Engineering and Industrial Aerodynamics，2018，177：92-100.

[150] WANG M X，LIU A，LIU Z X，et al. Effect of hot humid environmental exposure on fatigue crack growth of adhesive-bonded aluminum A356 joints [J]. International journal of adhesion and adhesives，2013，40：1-10.

[151] 黄亚江，叶林，廖霞，等．复杂条件下高分子材料老化规律、寿命预测与防治研究新进展 [J]. 高分子通报，2017，10：52-63.

[152] 梁星才．材料和产品大气暴露与人工加速试验相关性的探讨意见（上）[J].环境技术，2001（4）：4-7.

[153] BS EN 12663 轨道交通—铁道车辆车体结构要求 [S]. 欧洲标准化委员会，2010.